中等职业学校特色教材

服装 CAD

主编　邢慎娜　赵利萍 ………………………●

山东科学技术出版社

中等职业学校特色教材编审委员会

本书编写人员

前　言

FOREWORD

　　《服装 CAD》是我校教师根据专业特点编写的,是服装设计与工艺专业的主干课程,主要讲授服装 CAD 软件的使用,并借助服装 CAD 软件进行各类服装的制版、放码与排料。课程的设计,是按照基于工作过程的理念,以项目(或任务)为载体设计教学内容,符合服装企业具体岗位工作任务的操作要求,注重学生对专业知识的掌握和专业技能的培养。属于《服装结构制图》、《服装结构设计》等课程的后续课程。

一、课程的学习目标

　　通过本课程的学习,使学生掌握本专业必需的服装 CAD 制版基础知识,服装 CAD 制版师所具备的岗位任务的操作方法与技巧;使学生具备娴熟的操作技能和良好的职业素养。

二、学时安排

　　本课程主要为实训模块,共 7 个项目,25 个任务,校内学习 144 学时,企业实训 2 周,教学安排在第三学期完成。具体课时分配和工学结合安排如下:

序号	教学项目内容	建议学时	开设学期
1	认识服装 CAD	6	
2	裙装 CAD 工业制版	24	
3	裤装 CAD 工业制版	36	
4	女衬衫 CAD 工业制版	20	
5	女上装 CAD 工业制版	32	第三学期
6	男上装 CAD 工业制版	18	
7	连衣裙 CAD 工业制版	8	
8	企业实训(工学结合)	2 周	

三、数字化教学资源

　　本课程配有多媒体课件、教学录像、教学案例、在线习题自测、样卷、实训指导、推荐参考书等教学资源,可通过校园网和云平台学习空间实现在线资源共享。

　　本书在编写过程中得到许多兄弟学校的服装教师和服装企业技术人员的大力支持,为本教材的编写提出了许多宝贵的建议,在此表示衷心的感谢!

　　由于时间仓促和编者水平有限,本教材部分 CAD 制版难免会有表达不妥之处,希望服装工艺设计的专家、同仁和学习者给予批评指正。

编　者

2013 年 6 月

目　录

CONTENTS

1

项目一
认识服装 CAD

★ 项目目标

1. 了解服装 CAD 的特点；了解服装 CAD 的功能。
2. 服装设计与放码系统介绍，掌握富怡服装 CAD 样板设计系统的功能及相关操作。
3. 了解服装排料系统的基本功能；掌握服装排料系统的基本界面。

★ 项目结构

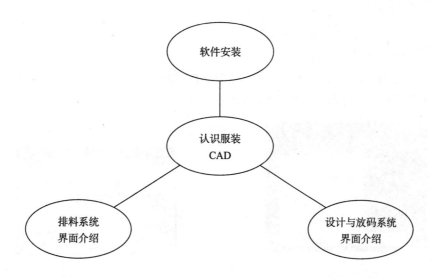

★ 项目描述

  随着人们生活水平的提高，对服装审美的要求越来越高，款式越来越个性化及多样化，给服装企业的制版与放码带来了很大的压力，所以服装 CAD 应运而生。通过学习掌握服装 CAD 的运行环境，了解服装 CAD 设计与放码系统的工作界面，了解服装 CAD 排料系统的工作界面。通过本节的学习为以后的项目学习做铺垫。

任务 ◉ 设计与放码及排料系统界面介绍

★ 任务目标

1. 掌握服装富怡 V8.0 的安装与启动。
2. 掌握富怡服装 CAD 设计与放码系统的功能及相关操作。
3. 掌握富怡服装 CAD 排料系统的功能及相关操作。

★ 任务分析

服装 CAD 是计算机服装辅助设计（Computer Aided Design）的缩写，由于服装流行的周期缩短，款式越来越个性化及多样化，给服装企业的制版与放码带来了很大的压力，服装 CAD 应运而生。

1. 软件安装步骤

（1）关闭所有正在运行的应用程序。
（2）把富怡安装光盘插入光驱。
（3）打开光盘，运行"Set up"，弹出下列对话框，如图 1-1 所示。
（4）单击"Next"，弹出下列对话框，如图 1-2 所示。

图 1-1　步骤 1

图 1-2　步骤 2

（5）选择需要的版本，如选择"企业版"（如果是网络版用户，请选择"网络版"），单击"Next"按钮，弹出下列对话框，如图 1-3 所示。

图 1-3　步骤 3

（6）单击"Next"按钮（也可以单击"Browse…"按钮重新定义安装路径），弹出下列对话框，如图1-4所示。

（7）勾选要安装的程序，单击"Next"按钮，弹出下列对话框，如图1-5、图1-6所示。

图1-4 步骤4

图1-5 步骤5

图1-6 步骤6

（8）选择您使用的绘图仪类型，单击"Next"按钮，弹出下列对话框，如图1-7所示。

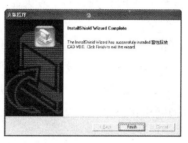

图1-7 步骤7

（9）单击"Finish"按钮，在计算机插上加密锁软件即可运行程序。如果打不开软件需要手动安装加密锁驱动。

（10）从"我的电脑"中打开软件的安装盘符，如"C盘→富怡服装CAD V8→ Drivers SenseLock instWiz3 Beijing Senselock"，双击安装"instWiz3"（在每台计算机都要安装）。

（11）如果您装的是网络版或院校版，还需安装" Drivers HASP_HL Drivers IOG4tresperod "（在每台机器上都要安装）。

（12）如果有超级排料锁（SafeNet），需要安装"Sentinel Protectio Installer"（安装此驱动时不要插超排锁，且只在用超排的计算机上安装即可）。

2. 设计与放码及排料系统界面介绍

（1）设计与放码系统界面介绍。系统的工作界面就好比是用户的工作室，熟悉了这个界面也就熟悉了您的工作环境，自然就能提高工作效率。下面是设计与放码工作界面，如图1-8所示。

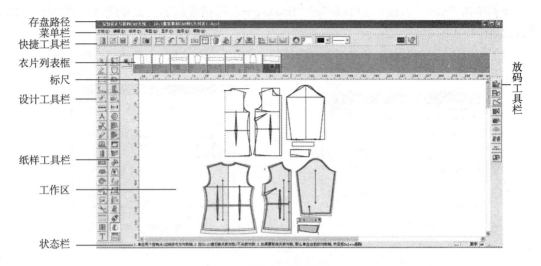

图 1-8 设计与放码系统界面

① 菜单栏：该区是放置菜单命令的地方，且每个菜单的下拉菜单中又有各种命令。单击菜单时，会弹出一个下拉式列表，可用鼠标单击选择一个命令。也可以按住 Alt 键敲菜单后的对应字母，菜单即可选中，再用方向键选中需要的命令。

② 快捷工具栏：用于放置常用命令的快捷图标，为快速完成设计与放码工作提供了极大的方便。

③ 衣片列表框：用于放置当前款式中的纸样。每一个纸样放置在一个小格的纸样框中，纸样框布局可通过"选项→系统设置→界面设置→纸样列表框布局"改变其位置。衣片列表框中放置了本款式的全部纸样，纸样名称、份数和次序号都显示在这里，拖动纸样可以对顺序调整，不同的布料显示不同的背景色。

④ 标尺：显示当前使用的度量单位。

⑤ 设计工具栏：该栏放有绘制及修改结构线的工具。

⑥ 纸样工具栏：当用"剪刀"工具 ✂ 剪下纸样后，用该栏工具将其进行细部加工，如加剪口、加钻孔、加缝份、加缝迹线、加缩水等。

⑦ 放码工具栏：该栏放有用各种方式放码时所需要的工具。

⑧ 工作区：如一张无限大的纸张，您可在此尽情发挥您的设计才能。工作区中既可设计结构线，也可以对纸样放码，绘图时可以显示纸张边界。

⑨ 状态栏：位于系统的最底部，它显示当前选中的工具名称及操作提示。

（2）排料系统界面介绍。排料系统是为服装行业提供的排唛架专用软件，它界面简洁而友善，思路清晰而明确，所设计的排料工具功能强大、使用方便。为用户在竞争激烈的服装市场中提高生产效率、缩短生产周期、增加服装产品的技术含量和高附加值提供了强有力的保障。该系统主要具有以下特点：超级排料、全自动、手动、人机交互，按需选用；键盘操作，排料快速准确；自动计算用料长度、利用率、纸样总数、放置数；提供自动、手动分床；对不同布料的唛架自动分床；对不同布号的唛架自动或手动分床；提供对格对条功能；可与裁床、绘图仪、切割机、打印机等输出设备接驳，进行小唛架图的打印及 1∶1 唛架图的裁剪、绘图和切割。排料系统界面如图 1-9 所示。

标题栏
菜单栏
主工具匣
隐藏工具
纸样窗
尺码列表框
标尺
唛架工具匣 1
主唛架区
滚动条
辅唛架区
状态栏主项

窗口控制按钮
布料工具匣
超排工具匣
唛架工具匣 2

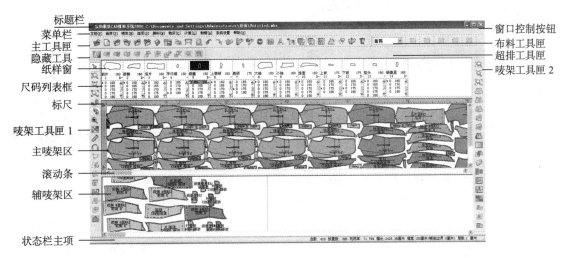

图 1-9 排料系统界面

① 标题栏:位于窗口的顶部,用于显示文件的名称、类型及存盘的路径。

② 菜单栏:标题栏下方是由 9 组菜单组成的菜单栏。GMS 菜单的使用方法符合 Windows 标准,单击其中的菜单命令可以执行相应的操作,快捷键为 Alt 加括号后的字母,如图 1-10 所示。

文档[F]　纸样[P]　唛架[M]　选项[O]　排料[N]　裁床[C]　计算[L]　制帽[k]　帮助[H]

图 1-10 菜单栏

③ 主工具匣:该栏放置常用命令,为快速完成排料工作提供了极大方便,如图 1-11 所示。

图 1-11 主工具匣

④ 隐藏工具:如图 1-12 所示。

图 1-12 隐藏工具

⑤ 超排工具:如图 1-13 所示。

图 1-13 超排工具

⑥ 纸样窗:纸样窗中放置着排料文件所需要使用的所有纸样,每一个单独的纸样放置在一小格的纸样框中。纸样框的大小可以通过拉动左右边界来调节其宽度,还可通过在纸样框上单击鼠标右键,在弹出的对话框内改变数值,调整其宽度和高度。

⑦ 尺码列表框:每一个小纸样框对应着一个尺码表,尺码表中存放着该纸样对应的所有尺码号型及每个号型对应的纸样数。

⑧ 标尺：显示当前唛架使用的单位。

⑨ 唛架工具匣 1：如图 1-14 所示。

图 1-14 唛架工具匣 1

⑩ 主唛架区：主唛架区可按自己的需要任意排列纸样，以取得最省布的排料方式。

⑪ 滚动条：包括水平和垂直滚动条，拖动可浏览主辅唛架的整个页面、纸样窗纸样和纸样各码数。

⑫ 辅唛架区：将纸样按码数分开排列在辅唛架上，方便主唛架排料。

⑬ 状态栏主项：状态栏主项位于系统界面的最底部左边，如果把鼠标移至工具图标上，状态栏主项会显示该工具名称；如果把鼠标移至主唛架纸样上，状态栏主项会显示该纸样的宽、高、款式名、纸样名称、号型、套号及光标所在位置的 X、Y 坐标。根据个人需要，可在参数设定中设置所需要显示的项目。

⑭ 窗口控制按钮：可以控制窗口最大化、最小化显示和关闭。

⑮ 布料工具匣：。

⑯ 唛架工具匣 2：如图 1-15 所示。

图 1-15 唛架工具匣 2

⑰ 状态条：位于系统界面的右边最底部，它显示着当前唛架纸样总数、放置主唛架区纸样总数、唛架利用率、当前唛架的幅长、幅宽、唛架层数和长度单位。

★ 项目练习

1. 什么是服装 CAD？

2. 服装 CAD 系统一般分为几个分系统？

3. 设计与放码系统界面由几部分组成？

4. 排料系统界面由几部分组成？

项目二
裙装 CAD 工业制版

★ **项目目标**

    1. 能灵活掌握常用工具、命令按钮、各相关菜单的使用方法。

    2. 能熟练使用 CAD 软件对裙装进行制版、放缝、排料、放码操作。

    3. 培养学生团队合作精神,提高学生的观察能力及分析问题的能力。

★ **项目结构**

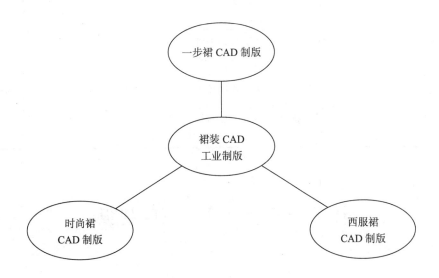

★ **项目描述**

    裙装能充分展示女性的曲线美,裙子是女性的春夏秋必备之品,现在裙装的款式越来越多,但万变不离其宗。裙子的基本款放在任务一作为基础,会了基本款,再学习变化款就较容易了。通过学习裙子的基本款,学生能胜任常见款的制版、放缝、放码及排料,通过学习变化款,裙腰部省量合并方法,暗褶、明褶、顺风褶的操作方法,学生能对市场上流行的款式进行制版、放缝、放码及排料。

★ 过程质量评定

裙装实训记录及成绩评定标准参照表2-1。

表2-1 裙装实训记录与成绩评定

内容	评分项目	评分要点	实训记录	分值	得分
CAD板型制作、放码（100分）	样板结构	样板包括净样板、面料样板。 1.裙子结构设计正确、合理，符合服装款式造型要求，体现电脑纸样设计过程。 2.线条流畅、规范。 3.制图符号、对位标记标注正确、清晰、无遗漏。		40	
	样板规格	1.前、后片等规格尺寸与服装号型以及设计稿的效果相符。 2.成品规格不超过行业标准的允许公差。		20	
	样板放缝	前、后片等放缝准确、均匀。		10	
	样板排料	1.样板丝缕摆放准确。 2.面料、衬料用料适宜。		10	
	放码	1.样板放码码数齐全、部件完整、线条缩放后不走形，符合款式造型要求。 2.纱向、裁片数、对位记号标注齐全、准确无误。 3.公共线确定合理，各部位档差标注明确。		20	

任务一 ◎ 一步裙CAD制版

★ 任务目标

1.熟练使用智能笔、收省、加缝份等工具。
2.能熟练运用相关工具对一步裙进行制版、放缝、放码、排料。

★ 任务分析

款式分析：一步裙属于紧身裙，前后片腰口各收1只省，后中心分割，上端装拉链，下摆开衩；一步裙的下摆在侧缝处每片收进1 cm左右，如图2-1所示。一步裙规格尺寸参照表2-2。

图2-1 一步裙款式

表 2-2   一步裙规格尺寸

部位＼号型	155/70B	160/74B	165/78B	170/82B	档差
裙长	66.5	68	69.5	71	1.5
腰围	70	74	78	82	4
臀围	90	94	98	102	4

★ 任务体验

1. 制版操作步骤

（1）单击菜单"号型→号型编辑"，在设置号型规格表中输入尺寸（此操作可有可无），如图 2-2 所示。

图 2-2　号型编辑图表

（2）选择"智能笔"工具 ✎，在空白处拖定出宽为"臀围 /4"、长为"裙长—腰宽"，如图 2-3 所示。

操作：左键单击图标 ▦；在"计算器"对话框中设定长和宽，如图 2-4 所示。

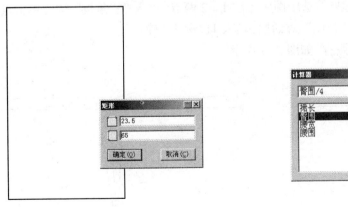

图 2-3　矩形框   图 2-4　计算器

（3）用"智能笔"工具画出臀围线，距上平线为 18 cm，如图 2-5 所示。操作平行线，"智能笔"点按非中点位置向下拖拽；到任意位置点单击，弹出"平行线"对话框。继续用"智能笔"工具画线，距上平线为 1 cm。

（4）选择"圆规"工具 📐，单击矩形右上角点，单击上侧直线左端，弹出单圆规对话框，单击"计算器"，输入长度为"腰围 /4+2.5"，确定，如图 2-6 所示。

图 2-5　臀围线

图 2-6　前片腰围计算器对话框

（5）用"智能笔"工具，做侧缝弧线，下侧移动量为 1 cm，左键确认。用"调整"工具 🖱 调整，如图 2-7 所示。

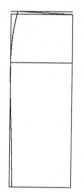

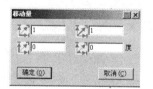

图 2-7　侧缝线绘制

（6）用"智能笔"工具做省，长度为 11 cm，如图 2-8 所示。

操作：按住 Shift 键，左键拖拉选中图中标注 1、2 两点，进入"三角板" ▽，单击点 1，拉出垂线，向下方单击，弹出"长度"对话框，输入 11，单击"确定"。

（7）用"收省"工具 🔲 做省，如图 2-9 所示。

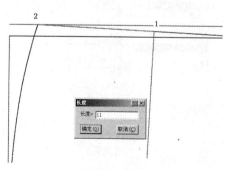

图 2-8　收省 1

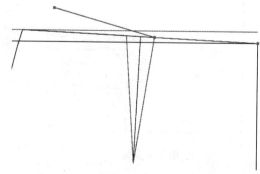

图 2-9　收省 2

（8）选择上侧红线作为选择截取省宽的线。选择省宽，输入省宽为 2.5，单击"确定"。如图 2-10 所示。

（9）用"移动"工具 ▦ 复制后幅来制作前幅。

操作：光标画框选择全部，变成红色，右键确认。选择移动第一点，向右移动，按回车，弹出"偏移"对话框，如图 2-11 所示。

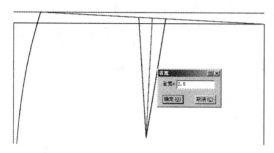

图 2-10　收省 3

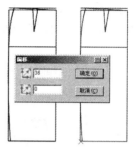

图 2-11　复制效果

（10）用"智能笔"工具右键拖拉进入水平垂直线的绘制，如图 2-12 所示。

操作：右键拖拉进入水平垂直线，光标指向右下角点，按右键，拖拉并指向图 2-13 中 A 点处，再向上拖拉（如水平垂直线方向不对，可单击右键改变）。在线上任意位置单击，弹出"点的位置"对话框。

（11）继续使用"智能笔"工具，左键框选左侧垂直两线，在"×"处单击右键，进行剪断，如图 2-14 所示。

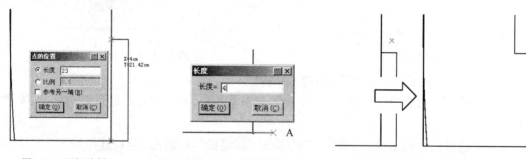

图 2-12　开衩绘制 1　　　　　图 2-13　开衩绘制 2　　　　　图 2-14　开衩绘制 3

（12）使用"智能笔"工具，在上侧做腰头（按住空格键，转动鼠标滚轮可放大、缩小窗口），如图 2-15 所示。

操作：矩形长为"腰围 +3"；宽为"腰宽 ×2"，如图 2-16 所示。

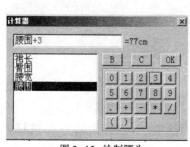

图 2-15　绘制腰头

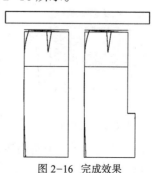

图 2-16　完成效果

（13）使用"剪刀"工具 ✂（用于从结构线或辅助线上拾取纸样）。操作（两种方法）：① 单击或框选围成纸样的线，最后单击右键确认，系统按最大区域形成纸样。② 按住 Shift 键，单击形成纸样的区域，则有颜色填充，可连续单击多个区域，最后单击右键确认。右键确认后，剪刀工具即变成衣片辅助线工具（从 ⁺☐ 结构线上为纸样拾取内部线），如图 2-17 所示。

（14）使用"布纹线"工具 ▨，在布纹线处单击右键，改变布纹线方向。

（15）单击 1 区域，双击左键，弹出"纸样资料"对话框，填写如图 2-18 所示，单击"应用"。

选择 2 区域，填写前片，布料名为面布、份数为 2 份，单击"应用"。

选择 3 区域，填写后片，布料名为面布、份数为 2 份，单击"应用"关闭。

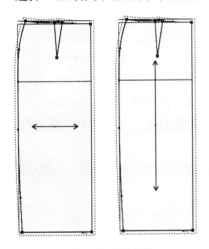

图 2-17 拾取纸样

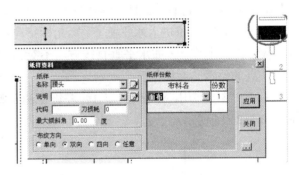

图 2-18 纸样资料

（16）单击"显示结构线" ▦，以隐藏结构线。

（17）选择"加缝份"工具 ▱，单击腰头左下角点，弹出"衣片缝份"对话框，如图 2-19 所示。

（18）选择后片如图两点，单击右键，弹出"加缝份"对话框，起点缝份量为 2.5，如图 2-20 所示。

图 2-19 加缝份 1

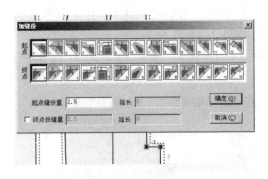

图 2-20 加缝份 2

（19）选择下侧 4 点，单击右键，弹出"加缝份"对话框，起点缝份量为 4，选择第二列，确定。如图 2-21 所示。

（20）选择"纸样对称"工具 ，按住 Shift 键单击前片前侧线，对称操作。使用右键单击，弹出快捷菜单 ，选择"移动" ，从后片中移出，如图 2-22 所示。

双击区域 2，弹出"纸样资料"对话框，将份数改为 2 份。

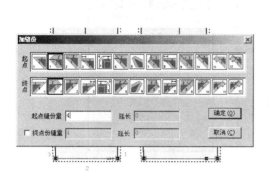

图 2-21 修改纸样缝份

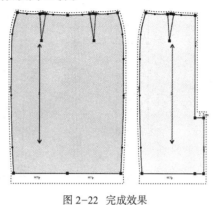

图 2-22 完成效果

（21）存盘，结束。

2. 放码操作步骤

（1）首先编辑"号型规格表"。单击菜单"号型→号型编辑"，增加需要的号型并设置好各号型的颜色，如图 2-23 所示。

图 2-23 号型编辑

（2）单击快捷工具栏中的"显示结构线"使其弹起，点击"显示样片" 使其按下去，按 F7 将缝份线隐藏，把前后幅纸样放入工作区，摆好位置，单击"点放码"图标 ，弹出"点放码表"对话框，把"自动判断正负"按钮 选中，如图 2-24 所示。

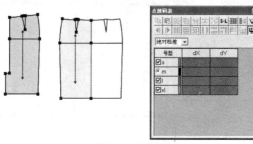

图 2-24 点放码表

（3）选择 ▦ 工具，同时框选前片和后片的侧缝线，进行横向放缩 1 cm，如图 2-25 所示。

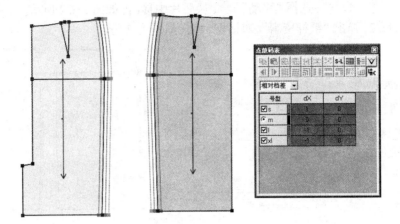

图 2-25　侧缝线放码

（4）选择 ▦ 工具，同时框选前片和后片的腰省，进行横向放缩 0.5 cm，如图 2-26 所示。

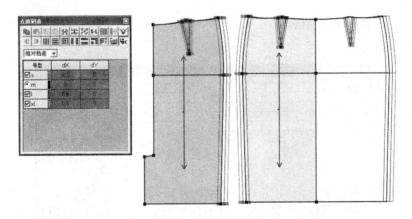

图 2-26　腰省放码

（5）选择 ▦ 工具，同时框选前片和后片的臀围线，进行纵向放缩 0.5 cm，如图 2-27 所示。

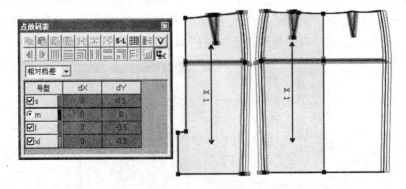

图 2-27　臀围线放码

（6）选择 ▦ 工具，同时框选前片和后片的下摆线，进行纵向放缩1.5 cm，如图2-28所示。

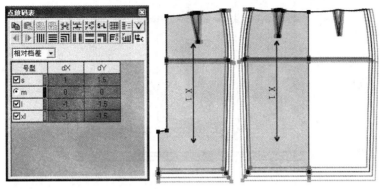

图2-28 下摆放码

（7）选择 ▦ 工具，同时框选后片的开衩，进行纵向放缩1.5 cm，如图2-29所示。

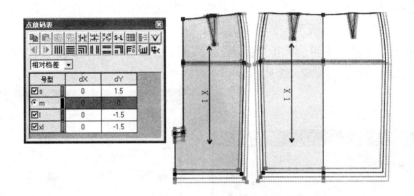

图2-29 开衩放码

（8）选择 ▦ 工具，框选腰头的另一端，进行横向放缩4 cm，如图2-30所示。

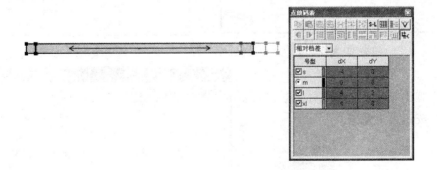

图2-30 腰头放码

（9）放码完成如图2-31所示。

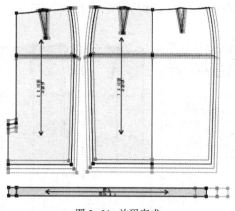

图 2-31 放码完成

3. 排料操作步骤

（1）双击"RP-GMS"图标,进入排版系统界面。

（2）选择菜单栏里的"唛架"的下拉菜单"单位选择",弹出"量度单位"对话框,改量度单位为厘米,如图 2-32 所示。

（3）单击"新建"按钮,弹出"唛架设定"对话框,输入唛架长度、宽度和层数等数据,单击"确定"按钮,如图 2-33 所示。

图 2-32 量度单位

图 2-33 唛架设定

（4）弹出"选取款式"对话框,单击"载入"按钮,如图 2-34 所示。

图 2-34 选择款式

（5）弹出"选取款式文档"对话框，单击"一步裙.dgs"，再单击"打开"按钮，如图2-35所示。

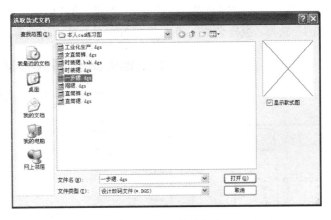

图 2-35 选取款式文档

（6）弹出"纸样制单"对话框，输入款式名称、款式布料和号型套数，检查及修改纸样数据，单击"确定"按钮，如图2-36所示。

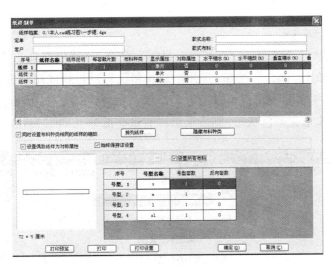

图 2-36 纸样制单

（7）单击"选取款式"对话框中的"确定"按钮，如图2-37所示。

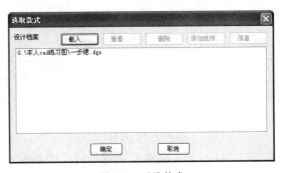

图 2-37 选取款式

（8）纸样窗和尺码窗中显示纸样的形状、号型、裁剪片数，如图 2-38 所示。

（9）设定纸样的显示参数。选择"选项"菜单中的"在唛架上显示纸样"命令，弹出"显示唛架纸样"对话框，取消"件套颜色"选项的勾选，在"说明"选项中，单击"布纹线"框右边的三角箭头，选择"纸样名称"等所需在布纹线上显示的内容，如图 2-39 所示。

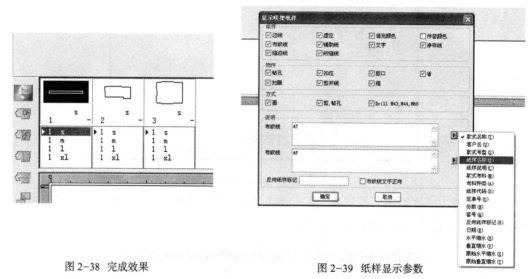

图 2-38 完成效果

图 2-39 纸样显示参数

（10）选择"排料"菜单中的"开始自动排料"命令，计算机会自动排版，随后弹出"排料结果"对话框，单击"确定"按钮，运用手动排料、自动排料或超级排料等，排至利用率最高、最省料。根据实际情况也可以用方向键微调纸样使其重叠，或利用 1 键、3 键旋转纸样（如果纸样呈未填充颜色状态，则表示纸样有重叠部分），如图 2-40 所示。

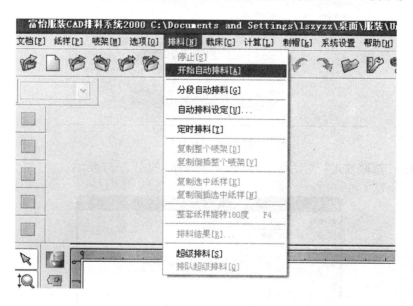

图 2-40 排料

（11）一步裙排料如图 2-41 所示（这并不一定是最完美的排料，需要不断练习，找出最节料的方法）。

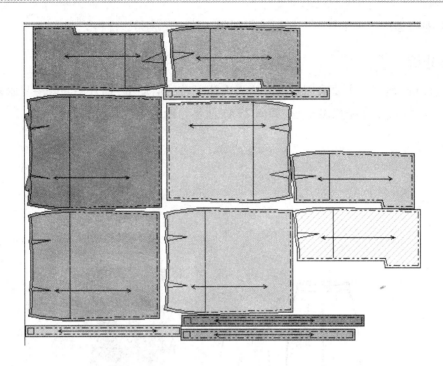

图 2-41 排料完成

（12）唛架即显示在屏幕上，在状态栏里还可查看排料相关的信息，在"幅长"一栏里即是实际用料数，如图 2-42 所示。

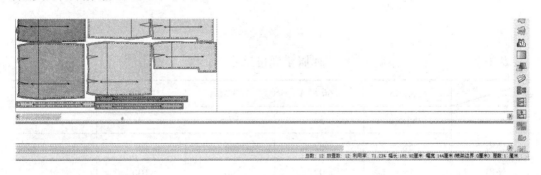

图 2-42 信息参数

（13）单击"保存"按钮，弹出"另存唛架文档为"对话框，输入文件名称"一步裙排料 .PTN"，单击"保存"按钮。

任务二 ◎ 西服裙 CAD 制版

★ 任务目标

1. 熟练使用智能笔、收省、加缝份等设计工具。

2.能熟练运用相关工具对一步裙进行制版、放缝、放码、排料。

★ 任务分析

款式分析：西服裙主要采用褶裥来增大人体下肢的活动量，前片中间收一只暗褶，褶裥的上部缉线封口，下摆略放出一些，如图2-43所示。西服裙规格尺寸参照表2-3。

图2-43 款式和效果

表2-3　　　　　　　　　　　　　西服裙规格尺寸

部位 \ 号型	155/58A	160/62A	165/66A	170/70A	档差
裙长	54.5	56	57.5	59	1.5
腰围	58	62	66	70	4
臀围	88	92	96	100	4

★ 任务体验

1.制版操作步骤

（1）单击菜单"号型→号型编辑"，在设置号型规格表中输入尺寸（此操作可有可无），如图2-44所示。

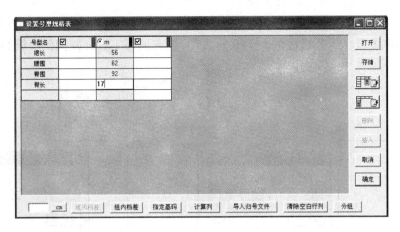

图 2-44　号型编辑

（2）选择"智能笔"工具在空白处拖定出宽为"臀围 /4+1"、长为"裙长—腰宽"，如图 2-45 所示。

（3）用"智能笔"平行线工具画出臀围线，距上平线为 17 cm，如图 2-46 所示。

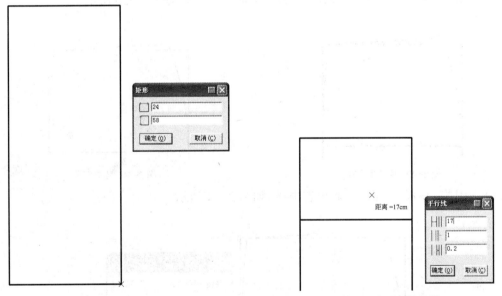

图 2-45　矩形框　　　　　　　　　　　　　图 2-46　臀围线绘制

（4）用"智能笔"工具在前中向侧缝 1 cm 处加点，并与前中臀围处连接，用调整工具 调顺，如图 2-47 所示。

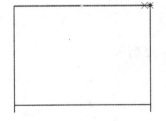

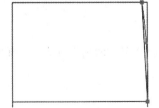

图 2-47　完成效果

（5）用"智能笔"工具在前中腰围偏侧 1 cm，点按 Enter 键，出现"移动量"对话框，输入横向偏移 19.5 cm（公式：腰围 /4+0.5+2.5），纵向偏移 1 cm，并把侧缝线画完整，如图 2-48 所示。

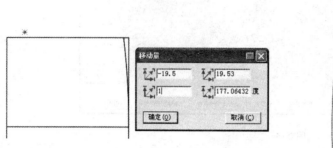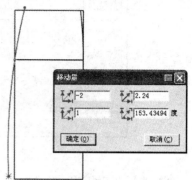

图 2-48 侧缝线绘制

（6）用"智能笔"工具 ✎ 连接前中点，如图 2-49 所示。

（7）用"等分规"工具 ⊟ 等分腰口线，将腰口二等分，如图 2-50 所示。

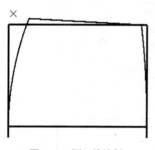

图 2-49 腰口线绘制

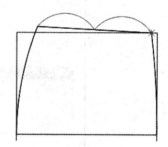

图 2-50 腰口等分

（8）用"三角板"工具 ◣ 画出省中线，如图 2-51 所示。

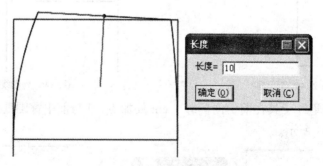

图 2-51 省中线绘制

（9）用"收省"工具 ▦ 画前中省并调整圆顺，如图 2-52 所示。

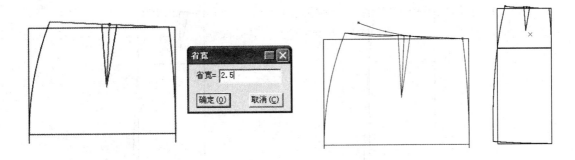

图 2-52 收省效果

（10）用"智能笔"工具 ✎ 画出前中暗褶，如图 2-53 所示。

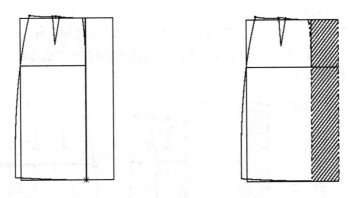

图 2-53 暗褶绘制

（11）用"移动"工具 复制前片框架图，并用"调整"工具 框选，使宽度缩小 2 cm，如图 2-54 所示。

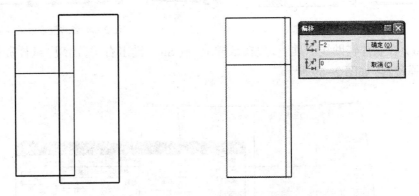

图 2-54 后片矩形框

（12）用"智能笔"画出腰口线、侧缝线及底摆线，画法同前片，如图 2-55 所示。

（13）按照前片画省的方法把后片省完成，如图 2-56 所示。

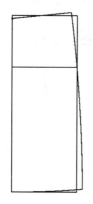

图 2-55 完成效果

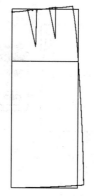

图 2-56 完成效果

（14）前后片的完整图如图 2-57 所示。

（15）使用"剪刀"工具 ✂ 拾取前后片的纸样；用"衣片辅助线"工具从结构线上为纸样拾取内部线。使用"布纹线"工具 🗇 改变布纹线方向；用"纸样对称"工具 🔳 对称前片纸样，如图 2-58 所示。

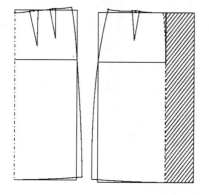

图 2-57 结构完成效果

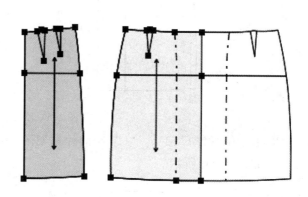

图 2-58 纸样完成效果

（16）在衣片辅助线工具下，放在纸样上，按 Shift 键击右键，出现"纸样资料"对话框，输入纸样资料，如图 2-59 所示。

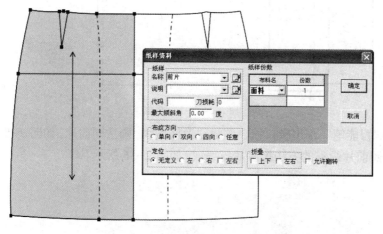

图 2-59 纸样资料

（17）单击"显示结构线" ▦，以隐藏结构线。

（18）选择"加缝份"工具 ▣，把裙片底边缝份修改为 3 cm（拾取纸样时，系统自动加缝份 1 cm），如图 2-60 所示。

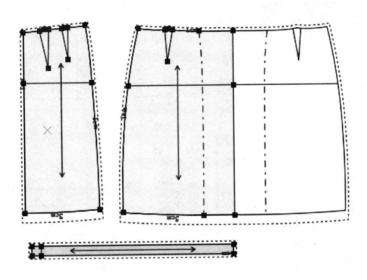

图 2-60 纸样完成效果

（19）存盘，结束。

2. 放码操作步骤

（1）首先编辑号型规格表。单击菜单"号型→号型编辑"，增加需要的号型并设置好各号型的颜色，如图 2-61 所示。

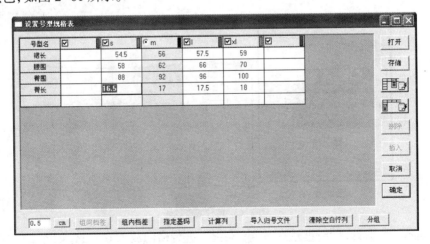

号型名	☑	☑s	⊙ m	☑l	☑xl	☑
裙长		54.5	56	57.5	59	
腰围		58	62	66	70	
臀围		88	92	96	100	
臀长		16.5	17	17.5	18	

图 2-61 号型编辑

（2）单击快捷工具栏中的"显示结构线" ▦ 使其弹起，点击"显示样片" ▤ 使其按下去，按 F7 把缝份线隐藏，把前后幅纸样放入工作区，摆好位置，单击"点放码"图标 ▦，弹出"点放码表"对话框，把"自动判断正负"按钮 ▦ 选中。选择 ▦ 工具，同时框选前后片侧缝，进行横向放缩 1 cm，如图 2-62 所示。

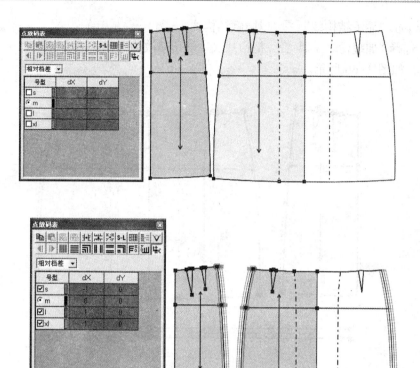

图 2-62 侧缝放码

（3）选择 ▦ 工具，同时框选前片腰省，进行横向放缩 0.5 cm，如图 2-63 所示。

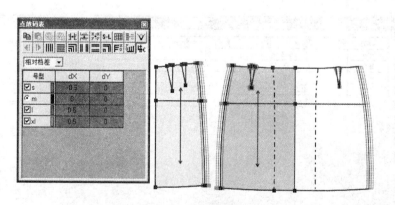

图 2-63 前片腰省放码

（4）选择 ▦ 工具，同时框选后片侧缝腰省，进行横向放缩 0.6 cm，如图 2-64 所示。

（5）选择 ▦ 工具，同时框选后片后中腰省，进行横向放缩 0.3 cm，如图 2-65 所示。

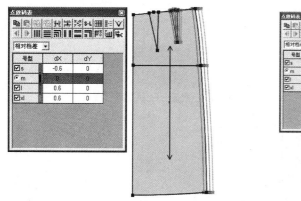

图 2-64　后侧腰省放码

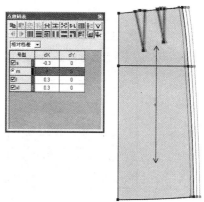

图 2-65　后片后中腰省放码

（6）选择 ▦ 工具，同时框选前后片臀围线，进行纵向放缩 0.5 cm，如图 2-66 所示。

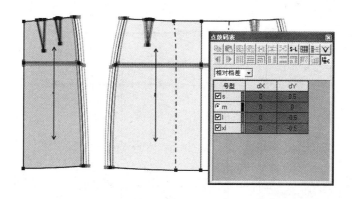

图 2-66　臀围线放码

（7）选择 ▦ 工具，同时框选前后片底摆线，进行纵向放缩 1.5 cm，如图 2-67 所示。

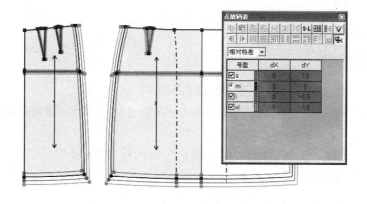

图 2-67　底边放码

（8）选择 ▦ 工具，同时框选腰头另一端，进行横向放缩 0.4 cm，如图 2-68 所示。

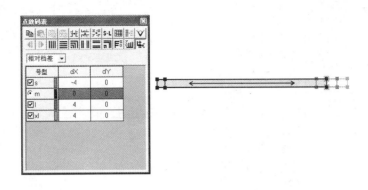

图 2-68　腰头放码

（9）完整放码如图 2-69 所示。

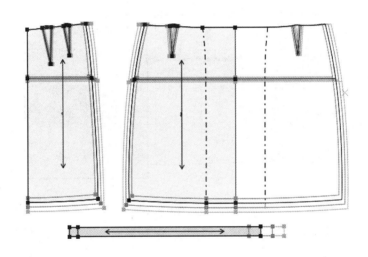

图 2-69　放码完成

3.排料操作步骤

（1）双击"RP-GMS"图标,进入排版系统界面。

（2）选择菜单栏里的"唛架"的下拉菜单"单位选择",弹出"量度单位"对话框,改量度单位为厘米。

（3）单击"新建"按钮,弹出"唛架设定"对话框,输入唛架长度、宽度和层数等数据,单击"确定"按钮,如图 2-70 所示。

图 2-70 唛架设定

（4）弹出"选取款式"对话框，单击"载入"按钮，如图 2-71 所示。

图 2-71 选取款式

（5）弹出"选取款式文档"对话框，单击"西服裙.dgs"，再单击"打开"按钮，如图 2-72 所示。

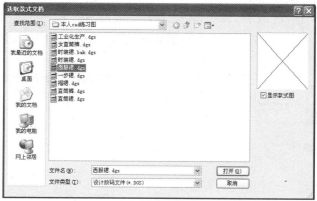

图 2-72 选取款式文档

（6）弹出"纸样制单"对话框，输入款式名称、款式布料和号型套数，检查及修改纸样数据，单击"确定"按钮，如图 2-73 所示。

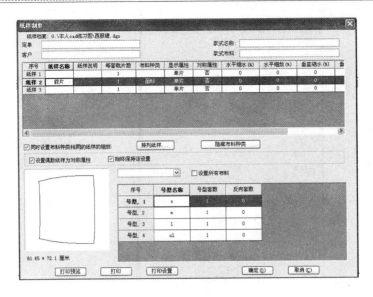

图 2-73 纸样制单

（7）单击"选取款式"对话框中的"确定"按钮，如图 2-74 所示。

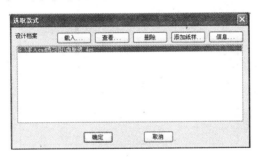

图 2-74 选取款式

（8）纸样窗和尺码窗中显示纸样的形状、号型、裁剪片数，如图 2-75 所示。

（9）设定纸样的显示参数。选择"选项"菜单中的"在唛架上显示纸样"命令，弹出"显示唛架纸样"对话框，取消"件套颜色"选项的勾选，在"说明"选项中，单击"布纹线"框右边的三角箭头，选择"纸样名称"等所需在布纹线上显示的内容，如图 2-76 所示。

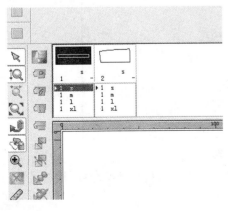

图 2-75 完成效果

图 2-76 纸样显示参数设置

（10）选择"排料"菜单中的"开始自动排料"命令，计算机会自动排版，随后弹出"排料结果"对话框，单击"确定"按钮。运用手动排料、自动排料或超级排料等，排至利用率最高、最省料。根据实际情况也可以用方向键微调纸样使其重叠，或利用1键、3键旋转纸样（如果纸样呈未填充颜色状态，则表示纸样有重叠部分），如图2-77所示。

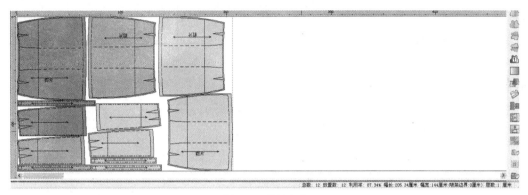

图2-77　排料完成

（11）单击"保存"按钮，弹出"另存唛架文档为"对话框，输入文件名称"西服裙排料.PTN"，单击"保存"按钮。

任务三 ◎ 时尚裙 CAD 制版

★ 任务目标

1. 熟练使用智能笔、褶展开、点放码等工具。
2. 能熟练运用相关工具对时尚裙进行制版、放缝、放码、排料。

★ 任务分析

款式分析：前后片各有3只暗褶裥，前后腰部各有育克分割，有装饰腰带，4只串带袢，如图2-78所示。时尚裙规格尺寸参照表2-4。

图2-78　时尚裙款式

表 2-4　　　　　　　　　　　时尚裙规格尺寸

部位＼号型	155/58A	160/62A	165/66A	170/70A	档差
裙长	50.5	52	53.5	55	1.5
腰围	66	70	74	78	4
臀围	88	92	96	100	4

★ 任务体验

1. 制版操作步骤

（1）单击菜单"号型→号型编辑"，在设置号型规格表中输入尺寸（此操作可有可无），如图 2-79 所示。

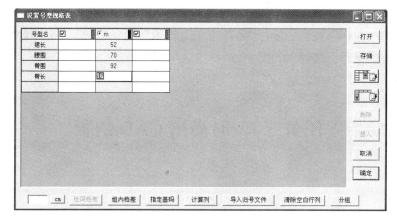

图 2-79　号型编辑

（2）用所学绘图知识绘制下图，如图 2-80 所示。

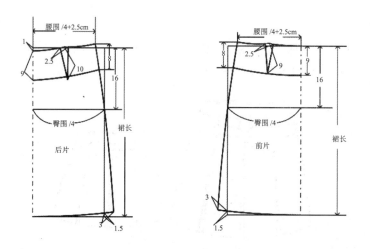

图 2-80　时尚裙结构

（3）用"移动"工具 ▦ 复制，用"剪断线"工具 ✂ 剪断相应的线条，用"橡皮擦"工具 ▱ 擦除多余的线条，如图2-81所示。

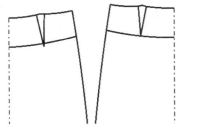

图2-81　育克绘制1

（4）用"剪断线"工具 ✂ 将育克下口线从省线处剪断，如图2-82所示。

（5）用"橡皮擦"工具 ▱ 擦除省山线，如图2-83所示。

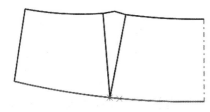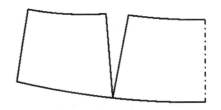

图2-82　育克绘制2　　　　　　　　　　　　图2-83　育克绘制3

（6）选择"旋转"工具 ↻ ，将腰省合并，如图2-84所示。

操作：

①单击或框选旋转的点、线，单击右键。

②单击一点，以该点为轴心点，再单击任意点为参考点，拖动鼠标旋转到目标位置。

说明：该工具默认为旋转复制，复制光标为 ⁺⤳ ，旋转复制与旋转用Shift键来切换，旋转光标为 ⁺↻ 。

（7）选择"剪断线"工具 ✂ ，分别点击两段线，按右键结束，将育克上口及下口连接成一条线。用"调整"工具 ▱ 将上口和下口调整圆顺，如图2-85所示。

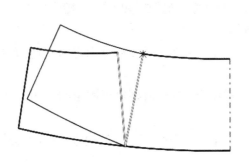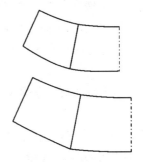

图2-84　育克绘制4　　　　　　　　　　　　图2-85　育克绘制5

（8）选择"对称调整"工具 ▱ 将育克上口弧线及下口弧线调整好，如图2-86所示。

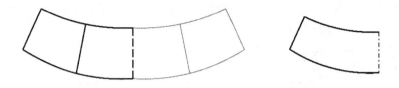

图 2-86　育克绘制 6

（9）用相同的方法绘制好后片育克，如图 2-87 所示。

（10）选择"移动"工具复制前后裙片，如图 2-88 所示。

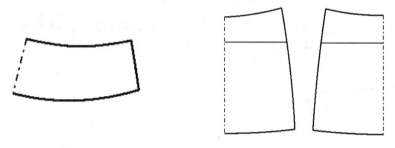

图 2-87　后片育克　　　　　　　　　　　　图 2-88　完成效果

（11）选择"对称"工具对称前后片的另一半，把前后片 4 等分并画出等分线，如图 2-89 所示。

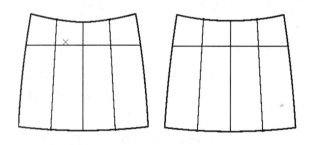

图 2-89　前片绘制

（12）选择"褶展开"工具 ▨ 给前片加 3 个暗褶，如图 2-90 所示。操作如下。

①用该工具单击或框选操作线，按右键结束。

②单击上段线，如有多条则框选并按右键结束（操作时要靠近固定的一侧，系统会有提示）。

③单击下段线，如有多条则框选并按右键结束（操作时要靠近固定的一侧，系统会有提示）。

④单击或框选展开线，击右键，弹出"刀褶 / 工字褶展开"对话框（可以不选择展开线，需要在对话框中输入插入褶的数量）。

⑤在弹出的对话框中输入数据，按"确定"键结束。

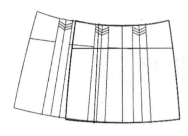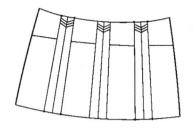

图2-90 褶展开对话框

"刀褶 / 工字褶展开"对话框说明:

① 褶线条数:如果没有选择展开线,在该项中可输入褶线条数。

② 上段褶:第一步框选所有操作线后,先选择为上段褶线。

③ 下段褶:第一步框选所有操作线后,选择为下段褶线。

④ 褶线长度:如果输入 0,表示按照完整的长度来显示;如果输入不等于 0 的长度,则按照给定的长度显示。

(13)用同样的方法绘制后片结构线,如图 2-91 所示。

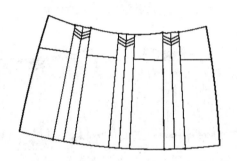

图2-91 后片

(14)选择"智能笔"绘制装饰腰带及串带祥。时尚裙完整的结构如图 2-92 所示。

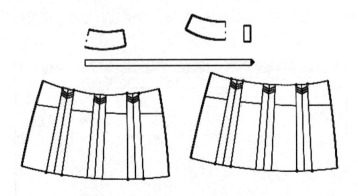

图2-92 结构完成效果

(15)使用"剪刀"工具 ✂ 拾取所有衣片纸样,使用"布纹线"工具 🖼 改变布纹线方向,使用"纸样对称"工具 🗻 对称前后片育克;在"衣片辅助线"工具 ⁺🗷 下,放在纸样上,按 Shift 键单击右键,出现"纸样资料"对话框,输入纸样资料,如图 2-93 所示。

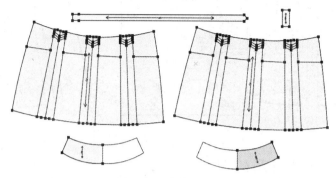

图 2-93　纸样完成效果

（16）单击"显示结构线" ⊞ ,以隐藏结构线。

（17）选择"加缝份"工具 ,把裙片底边缝份修改为 3 cm（拾取纸样时,系统自动加缝份 1 cm）,完整纸样如图 2-94 所示。

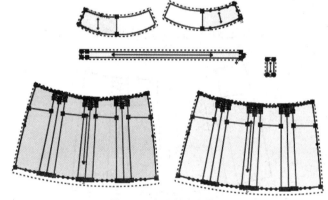

图 2-94　加缝份完成效果

（18）存盘,结束。

2. 放码操作步骤

（1）首先编辑号型规格表。单击菜单"号型→号型编辑",增加需要的号型并设置好各号型的颜色,如图 2-95 所示。

号型名	☑	☑s	☞ m	☑l	☑xl	☑
裙长		50.5	52	53.5	55	
腰围		66	70	74	78	
臀围		88	92	96	100	
臀长		15.5	16	16.5	17	

图 2-95　号型编辑

（2）单击快捷工具栏中的"显示结构线" 使其弹起，点击"显示样片" 使其按下去，按F7把缝份线隐藏，把前后幅纸样放入工作区，摆好位置，单击"点放码"图标，弹出点放码表，把"自动判断正负"按钮 选中，如图2-96所示。

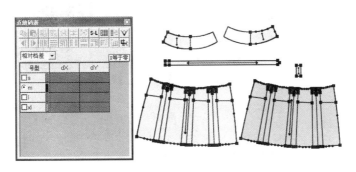

图2-96 点放码表

（3）选择 工具，同时框选前片和后片的侧缝线，进行横向放缩1 cm，如图2-97所示。

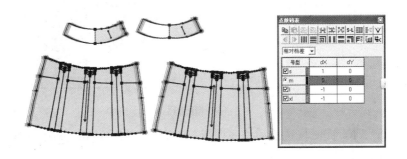

图2-97 侧缝放码

（4）选择 工具，同时框选前后片育克的腰口线，进行纵向放缩0.5 cm，如图2-98所示。

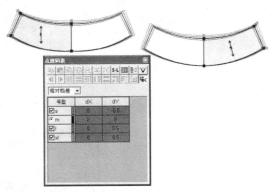

图2-98 育克腰口放码

（5）选择 工具，同时框选前片暗褶上口点及下摆点，进行横向放缩0.5 cm，如图2-99所示。

37

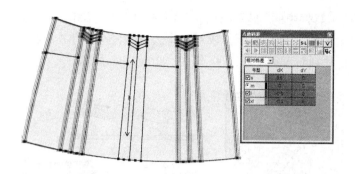

图 2-99　褶放码 1

（6）选择 ▣ 工具，同时框选后片暗褶上口点及下摆点，进行横向放缩 0.5 cm，如图 2-100 所示。

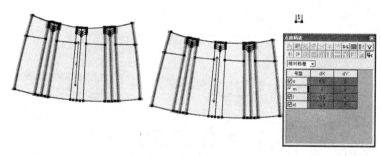

图 2-100　褶放码 2

（7）选择 ▣ 工具，同时框选前后片底摆线，进行纵向放缩 1 cm，如图 2-101 所示。

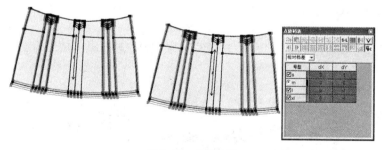

图 2-101　底边放码

（8）选择 ▣ 工具，同时框选腰头另一端，进行横向放缩 0.4 cm，如图 2-102 所示。

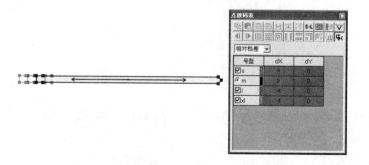

图 2-102　腰头放码

（9）完整放码如图2-103所示。

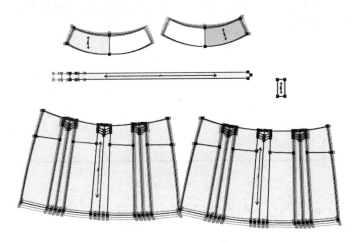

图2-103　放码完成效果

（10）存盘，完成。

3. 排料操作步骤

（1）双击"RP-GMS"图标，进入排版系统界面。

（2）选择菜单栏里的"唛架"的下拉菜单"单位选择"，弹出"量度单位"对话框，改量度单位为厘米。

（3）单击"新建"按钮，弹出"唛架设定"对话框，输入唛架长度、宽度和层数等数据，单击"确定"按钮，如图2-104所示。

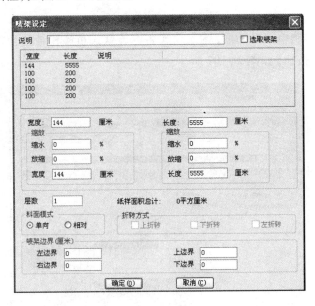

图2-104　唛架设定

（4）弹出"选取款式"对话框，单击"载入"按钮，如图2-105所示。

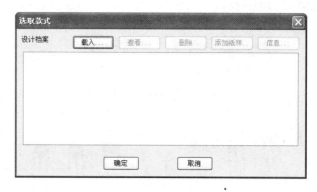

图 2-105　选取款式

（5）弹出"选取款式文档"对话框，单击"时尚裙.dgs"，再单击"打开"按钮，如图 2-106 所示。

图 2-106　选取款式文档

（6）弹出"纸样制单"对话框，输入款式名称、款式布料和号型套数，检查及修改纸样数据，单击"确定"按钮，如图 2-107 所示。

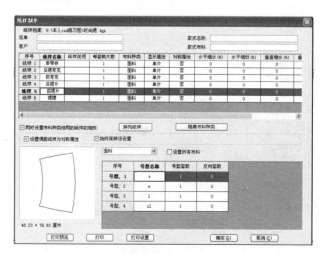

图 2-107　纸样制单

（7）单击"选取款式"对话框中的"确定"按钮，如图 2-108 所示。

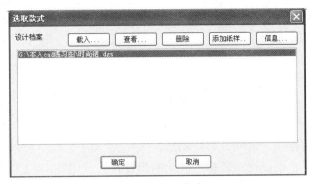

图 2-108　选取款式

（8）纸样窗和尺码窗中显示纸样的形状、号型、裁剪片数，如图 2-109 所示。

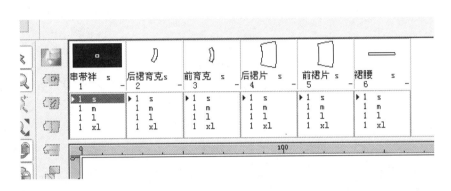

图 2-109　完成效果

（9）设定纸样的显示参数。选择"选项"菜单中的"在唛架上显示纸样"命令，弹出"显示唛架纸样"对话框，取消"件套颜色"选项的勾选，在"说明"选项中，单击"布纹线"框右边的三角箭头，选择"纸样名称"等所需在布纹线上显示的内容。

（10）选择"排料"菜单中的"开始自动排料"命令，计算机会自动排版，随后弹出"排料结果"对话框，单击"确定"按钮，运用手动排料、自动排料或超级排料等，排至利用率最高、最省料。根据实际情况也可以用方向键微调纸样使其重叠，或利用 1 键、3 键旋转纸样（如果纸样呈未填充颜色状态，则表示纸样有重叠部分），如图 2-110 所示。

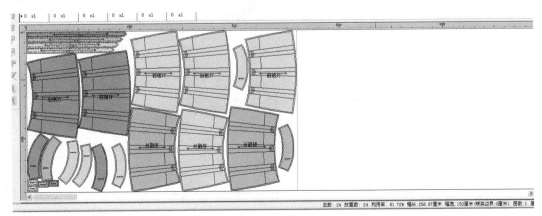

图 2-110　排料完成效果

（11）单击"保存"按钮,弹出"另存唛架文档为"对话框,输入文件名称"时尚裙排料 .PTN",单击"保存"按钮。

★ **项目练习**

1. 绘制一步裙的样片、放码并打印输出。

2. 绘制西服裙的样片、放码并打印输出。

3. 绘制时尚裙的样片、放码并打印输出。

4. 根据已学知识自己设计一款裙子并绘制出样片、放码并 1：1 打印输出。

项目三
裤装 CAD 工业制版

★ 项目目标

    1. 能灵活掌握常用工具、命令按钮、各相关菜单的使用方法。

    2. 能熟练使用 CAD 软件对裤装进行制版、放缝、排料、放码操作。

    3. 培养学生团队合作精神，提高学生的观察能力及分析问题的能力。

★ 项目结构

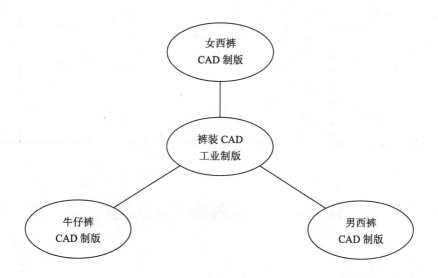

★ 项目描述

    裤装是人们下装的主要服装品种之一。裤子的款式多种多样，本项目学习内容的安排是先学习基本款的制版、放缝、放码及排料，然后再安排一些变化款的学习，变化款主要是针对企业制作的裤装款式，学习腰部省的处理方法、分割方法等，通过学习让学生能胜任企业的工作。

★ 过程质量评定

裤装实训记录与成绩评定标准参照表3-1。

表3-1 **裤装实训记录与成绩评定**

内容	评分项目	评分要点	实训记录	分值	得分
CAD板型制作、排料、放码（100分）	样板结构	样板包括净样板、面料样板。 1.裤子结构设计正确、合理，符合服装款式造型要求，体现电脑纸样设计过程。 2.线条流畅、规范。 3.制图符号、对位标记标注正确、清晰，无遗漏。		40	
	样板规格	1.前、后片等规格尺寸与服装号型以及设计稿的效果相符。 2.成品规格不超过行业标准的允许公差。		20	
	样板放缝	前、后片等放缝准确、均匀。		10	
	样板排料	1.样板丝绺摆放准确。 2.面料、衬料用料适宜。		10	
	放码	1.样板放码码数齐全、部件完整、线条缩放后不走形，符合款式造型要求。 2.纱向、裁片数、对位记号标注齐全、准确无误。 3.公共线确定合理，各部位档差标注明确。		20	

任务一 ◎ 女西裤 CAD 制版

★ 任务目标

1.熟练使用设计与纸样工具、放码工具、排料工具。

2.能熟练运用相关工具对女西裤进行制版、放缝、放码、排料。

★ 任务分析

款式分析：前裤片左右各有两只反褶裥，侧缝直袋各一只，后裤片左右各收二只省，装腰头，前门襟开口装拉链，如图3-1所示。女西裤规格尺寸参照表3-2。

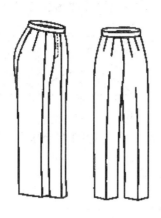

图 3-1　款式和效果

表 3-2　　　　　　　　　　　　女西裤规格尺寸

部位 \ 号型	155/64A	160/68A	165/70A	170/74A	档差
裤长	95	98	101	104	3
腰围	66	70	74	78	4
臀围	96	100	104	108	4
脚口	19	20	21	22	1
上裆	24.3	25	25.7	26.4	0.7

★ 任务体验

1. 制版操作步骤

（1）单击菜单"号型→号型编辑"，在设置号型规格表中输入尺寸（此操作可有可无），如图 3-2 所示。

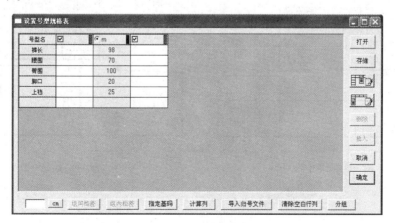

图 3-2　号型编辑

45

（2）用"智能笔" ✐ 、"等分规" 🔲 等工具画出下图，如图 3-3 所示。

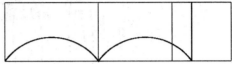

图 3-3　完成效果

（3）选择"智能笔" ✐ ，调整曲线长度，画出前裆宽"0.4/臀围"，在侧缝处偏进 0.7 cm 定点，并将其二等分，如图 3-4 所示。

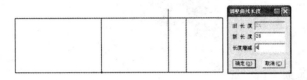
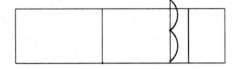

图 3-4　前裆宽绘制

（4）选择"智能笔" ✐ 画出烫迹线，删除如图线条，如图 3-5 所示。

（5）选择"等分规" 🔲 ，按 Shift 键切换，定出脚口大"脚口 –2/2"，并与前裆宽二等分点连接，如图 3-6 所示。

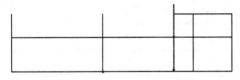
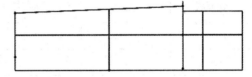

图 3-5　烫迹线绘制　　　　　　　　　　　　图 3-6　完成效果

（6）选择"测量"工具 📷 ，按 Shift 键切换，测量中裆的一半大，如图 3-7 所示。

（7）选择"智能笔" ✐ 在中裆线上量出另一半的中裆大，如图 3-8 所示。

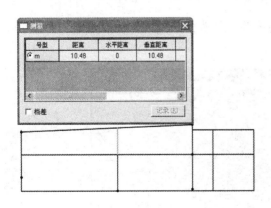
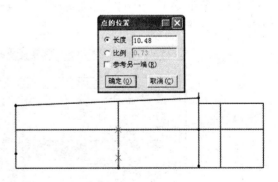

图 3-7　测量中裆大　　　　　　　　　　　　图 3-8　绘制中裆大

（8）选择"智能笔" ✎ 画出侧缝线，如图 3-9 所示。

（9）选择智能笔 ✎ 画出内裆线并将内裆上部调整圆顺，如图 3-10 所示。

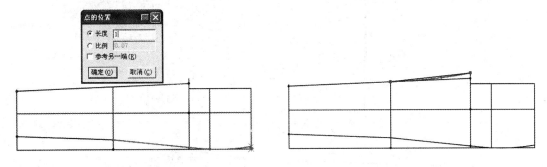

图 3-9 侧缝线绘制　　　　　　　　　　　　　图 3-10 内裆线绘制

（10）选择"智能笔" ✎ 画出腰围大"腰围/4-1+褶量"，如图 3-11 所示。

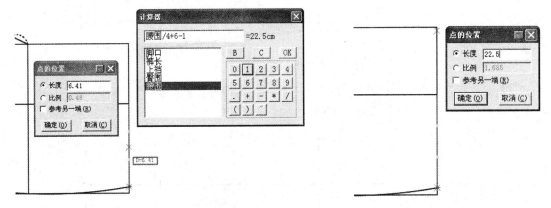

图 3-11 前腰围大绘制

（11）选择"智能笔" ✎ 画出前裆弧线及门襟线，如图 3-12 所示。

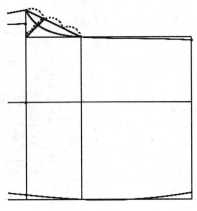

图 3-12 前裆及门襟绘制

（12）选择"智能笔" ✎ 、"等分规" ▥ 等工具画出前褶裥，定出口袋位置，如图 3-13 所示。

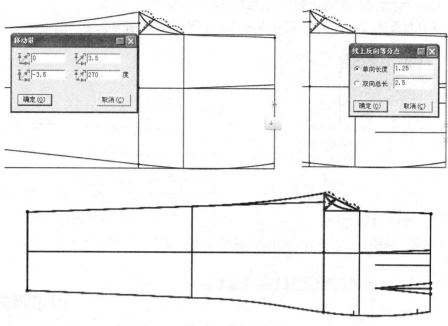

图 3-13　前片完成

（13）选择"移动"工具 ，按 Shift 键切换，复制前片图，选择线的"类型"工具 把线型改为"虚线" ，如图 3-14 所示。

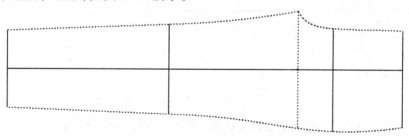

图 3-14　复制前片

（14）选择"智能笔"在臀围线前中 2 cm 处取后片臀围大"臀围 /4+1"，如图 3-15 所示。

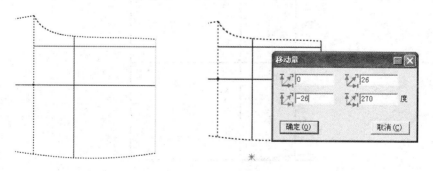

图 3-15　后臀围大量取

（15）选择"等分规" 等分下图，选择"智能笔" 画出后裆斜线，用单向靠边与横裆线靠上，如图 3-16 所示。

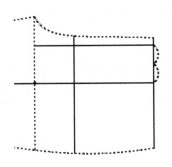 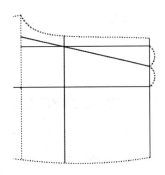

图 3-16　后裆斜线绘制

（16）用"智能笔"的点偏移找出后裆大点，如图 3-17 所示。

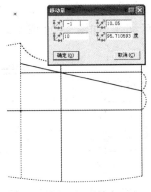

图 3-17　后裆宽

（17）选择"智能笔" ✐，按 Shift 键在端点附近单击右键，把脚口及中裆增大 2 cm，把下裆缝线画顺，如图 3-18 所示。

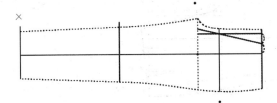 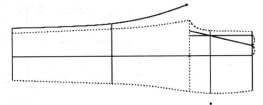

图 3-18　后下裆缝绘制

（18）选择"智能笔" ✐，将后裆缝延长 2.5 cm，如图 3-19 所示。

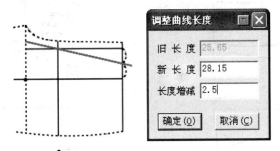

图 3-19　后裆缝延长

49

（19）选择"圆规"工具量出后腰围大"腰围 /4+4.5+1"，如图 3-20 所示。

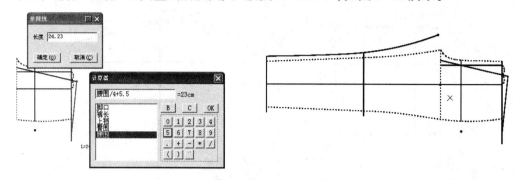

图 3-20　量取后腰围大

（20）选择"智能笔" ✐ ，将侧缝线画顺，如图 3-21 所示。

（21）选择"智能笔" ✐ 画顺后裆弧，如图 3-22 所示。

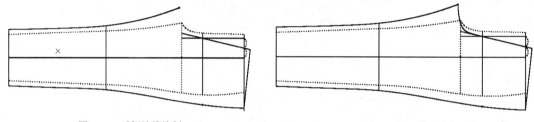

图 3-21　后侧缝线绘制　　　　　　　　　图 3-22　后裆弧绘制

（22）选择"智能笔" ✐ 及"收省"工具 ▦ 完成后省；选择"合并调整"工具 ⚈ 调整前后裆弧线，前后裆弧为同侧时，勾选翻转组，在选线时选手动或自动顺滑，如图 3-23 所示。

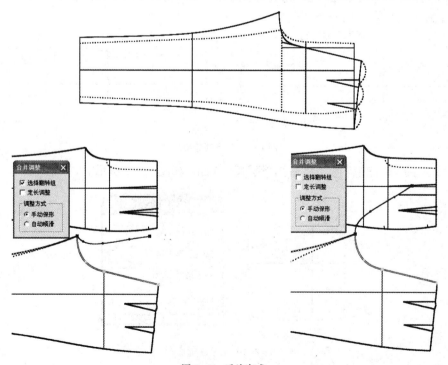

图 3-23　后片完成

（23）完整的前后片如图3-24所示。

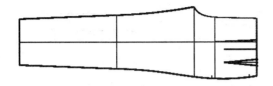

图3-24 前片完成

（24）选择"智能笔" ✐ 画出裤腰头，如图3-25所示。

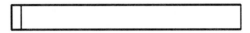

图3-25 腰头

（25）选择"智能笔" ✐ 画出前门襟，如图3-26所示。

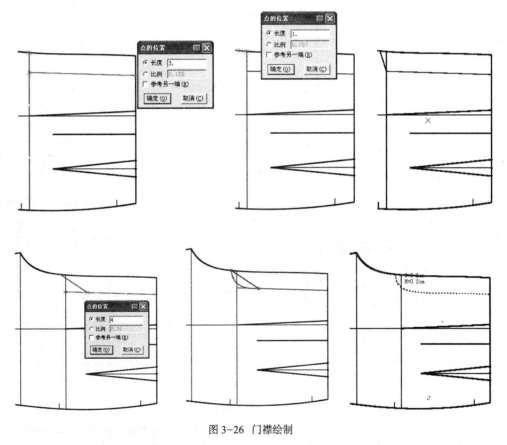

图3-26 门襟绘制

（26）选择"移动"工具 🔲 复制前门襟，选择"对称"工具 🔺 对称前门襟，如图3-27所示。

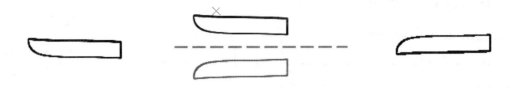

图 3-27 对称门襟

（27）选择"智能笔" ✎ 等工具绘制侧缝直袋，如图 3-28 所示。

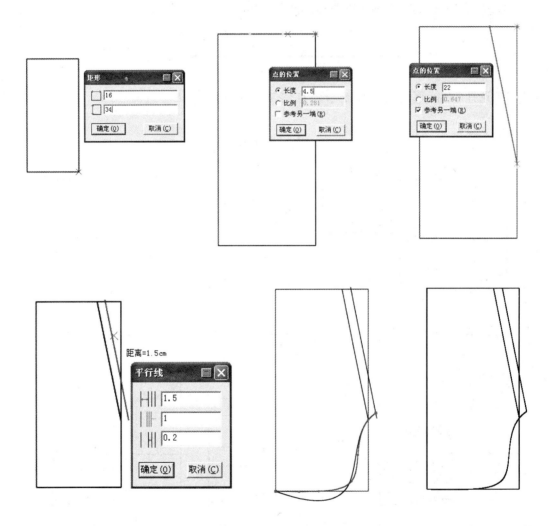

图 3-28 侧缝直袋

（28）选择"智能笔" ✎ 、"移动" 🔠 等工具绘制侧缝直袋袋垫，如图 3-29 所示。

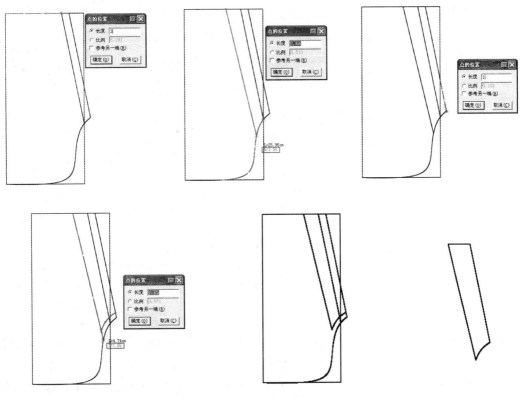

图 3-29　袋垫绘制

（29）选择"移动"工具 复制直袋，选择"对称"工具 对称兜布，如图 3-30 所示。

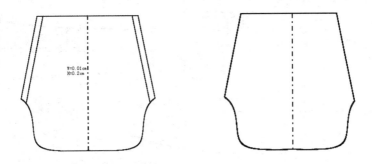

图 3-30　兜布绘制

（30）选择"智能笔" 等工具绘制串带袢及里襟，如图 3-31 所示。

图 3-31　串带袢及里襟

（31）女西裤完整结构如图 3-32 所示。

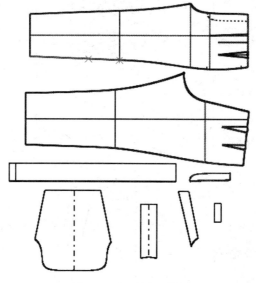

图 3-32　女西裤完整结构

（32）使用"剪刀"工具 ✂ 拾取所有衣片纸样；使用"布纹线"工具 ▦ ，改变布纹线方向；在"衣片辅助线"工具 ⁺ 下，放在纸样上，按 Shift 单击右键，出现"纸样资料"对话框，输入纸样资料，用"钻孔"工具 ⊕ 给省打上钻眼，用"剪口"工具 ▦ 在中裆处打上剪口，如图 3-33 所示。

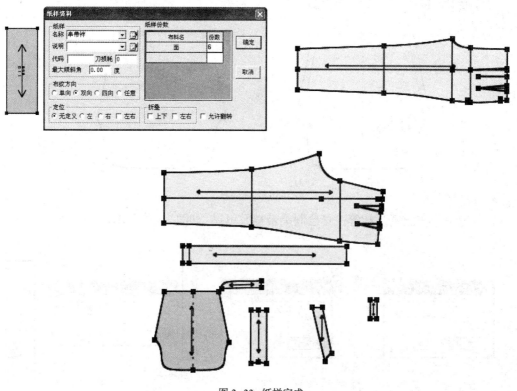

图 3-33　纸样完成

（33）选择"加缝份"工具 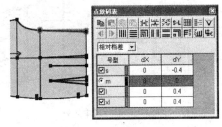，把裤片脚口缝份修改为3 cm（拾取纸样时，系统自动加缝份1 cm），完整纸样如图3-34所示。

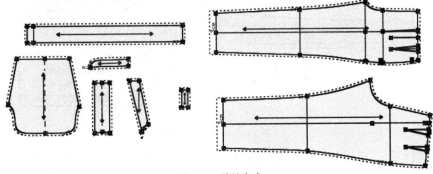

图3-34　放缝完成

（34）存盘，结束。

2. 放码操作步骤

（1）首先编辑号型规格表。单击菜单"号型→号型编辑"，增加需要的号型并设置好各号型的颜色，如图3-35所示。

图3-35　号型编辑

（2）单击快捷工具栏中的"显示结构线" 使其弹起，点击"显示样片" 使其按下去，按F7隐藏缝份线，把前后幅纸样放入工作区，摆好位置，单击"点放码"图标 ，弹出点放码表，把"自动判断正负"按钮 选中。

（3）选择 工具，同时框选前片前中部分，进行横向放缩0.4 cm，如图3-36所示。

图3-36　前片前中放码

（4）选择 □ 工具，同时框选前片横裆端点，进行横向放缩0.5 cm，如图3-37所示。

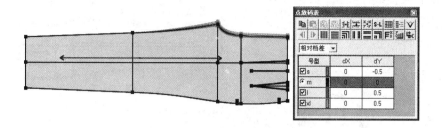

图 3-37 前片横裆放码

（5）选择 □ 工具，同时框选前片侧缝上段部分，进行横向放缩0.6 cm，如图3-38所示。

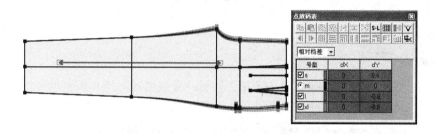

图 3-38 前片侧缝上段放码

（6）选择 □ 工具，同时框选前片褶，进行横向放缩0.3 cm，如图3-39所示。

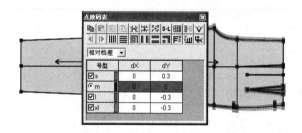

图 3-39 前褶放码

（7）选择 □ 工具，同时框选后片的后中部分，进行横向放缩0.3 cm，如图3-40所示。

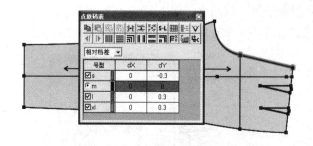

图 3-40 后片后中放码

（8）选择 □ 工具，同时框选后片的横裆端点，进行横向放缩0.7 cm，如图3-41所示。

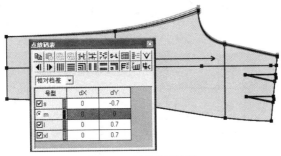

图3-41　后片横裆放码

（9）选择 工具，同时框选后片侧缝线上段部分，进行横向放缩 0.7 cm，如图 3-42 所示。

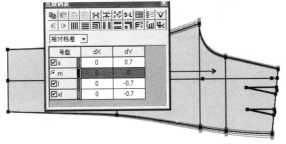

图3-42　后片侧缝上段放码

（10）选择 工具，同时框选后片侧缝线腰省，进行横向放缩 0.35 cm，如图 3-43 所示。

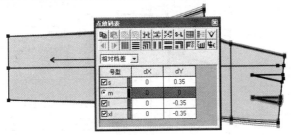

图3-43　后侧腰省放码

（11）选择 工具，同时框选前片和后片的腰口线，进行纵向放缩 0.7 cm，如图 3-44 所示。

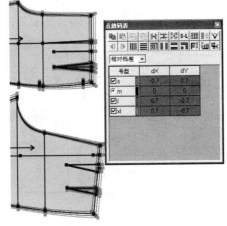

图3-44　腰口放码

（12）选择 工具，同时框选前片和后片的臀围线，进行纵向放缩 0.2 cm，如图 3-45 所示。

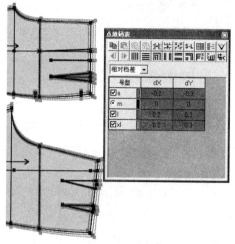

图 3-45 臀围线放码

（13）选择 工具，同时框选前片和后片的下裆线，进行横向放缩 0.5 cm，如图 3-46 所示。

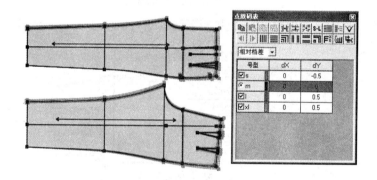

图 3-46 下裆放码

（14）选择 工具，同时框选前片和后片的侧缝线，进行横向放缩 0.5 cm，如图 3-47 所示。

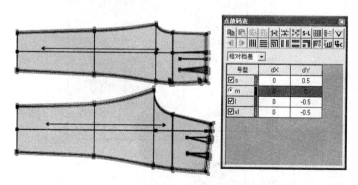

图 3-47 侧缝放码

（15）选择 🔲 工具，同时框选前片和后片的膝围线，进行纵向放缩 1.1 cm，如图 3-48 所示。

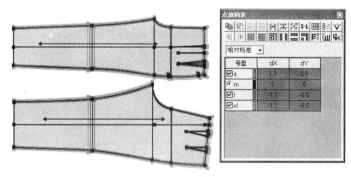

图 3-48　膝围线放码

（16）选择 🔲 工具，同时框选前片和后片的脚口线，进行纵向放缩 2.3 cm，如图 3-49 所示。

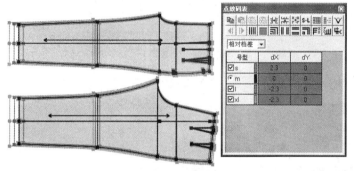

图 3-49　脚口放码

（17）选择 🔲 工具，同时框选袋布、袋贴、袋垫、门襟、里襟，进行纵向放缩 0.5 cm，如图 3-50 所示。

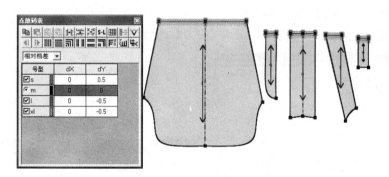

图 3-50　零部件放码

（18）选择 🔲 工具，同时框选腰头，进行横向放缩 4 cm，如图 3-51 所示。

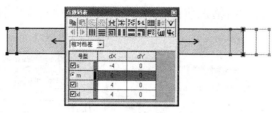

图 3-51　腰头放码

（19）完整放缩如图 3-52 所示。

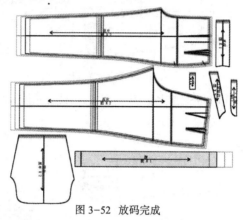

图 3-52　放码完成

（20）存盘，完成。

3.排料操作步骤

（1）双击"RP-GMS"图标，进入排版系统界面。

（2）选择菜单栏里"唛架"的下拉菜单"单位选择"，弹出"量度单位"对话框，改量度单位为厘米。

（3）单击"新建"按钮，弹出"唛架设定"对话框，输入唛架长度、宽度和层数等数据，单击"确定"按钮，如图 3-53 所示。

（4）弹出"选取款式"对话框，单击"载入"按钮，如图 3-54 所示。

图 3-53　唛架设定

图 3-54　选取款式

（5）弹出"选取款式文档"对话框，单击"女西裤.dgs"，再单击"打开"按钮，如图3-55所示。

图3-55　选取款式文档

（6）弹出"纸样制单"对话框，输入款式名称、款式布料和号型套数，检查及修改纸样数据，单击"确定"按钮，如图3-56所示。

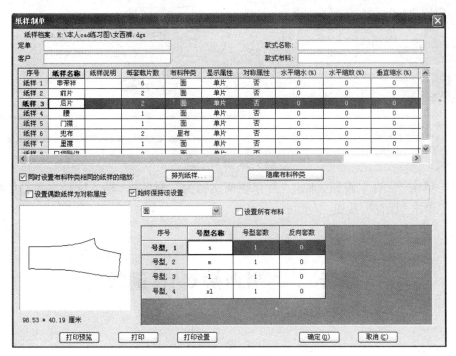

图3-56　纸样制单

（7）单击"选取款式"对话框中的"确定"按钮。

（8）纸样窗和尺码窗中显示纸样的形状、号型、裁剪片数，如图 3-57 所示。

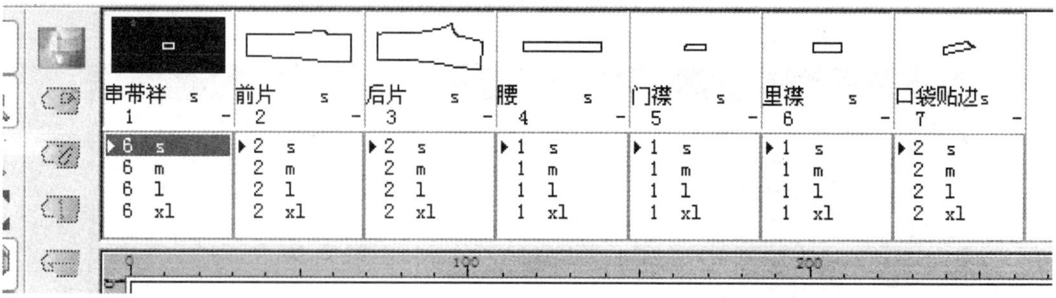

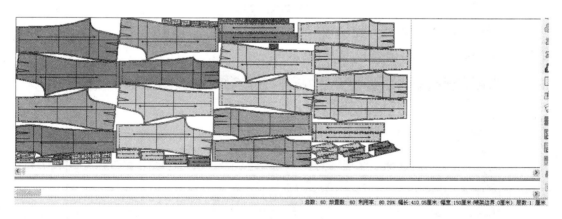

图 3-57　完成效果

（9）设定纸样的显示参数。选择"选项"菜单中的"在唛架上显示纸样"命令，弹出"显示唛架纸样"对话框，取消"件套颜色"选项的勾选，在"说明"选项中，单击"布纹线"框右边的三角箭头，选择"纸样名称"等所需在布纹线上显示的内容。

（10）选择"排料"菜单中的"开始自动排料"命令，计算机会自动排版，随后弹出"排料结果"对话框，单击"确定"按钮，运用手动排料、自动排料或超级排料等，排至利用率最高、最省料。根据实际情况也可以用方向键微调纸样使其重叠，或利用 1 键、3 键旋转纸样（如果纸样呈未填充颜色状态，则表示纸样有重叠部分），如图 3-58 所示。

图 3-58　排料完成

（11）单击"保存"按钮，弹出"另存唛架文档为"对话框，输入文件名称"女西裤排料 .PTN"，单击"保存"按钮。

任务二 ◎ 男西裤 CAD 制版

★ 任务目标

1. 熟练使用设计与纸样工具、放码工具、排料工具。

2. 能熟练运用相关工具对男西裤进行制版、放缝、放码、排料。

★ 任务分析

款式分析：前裤片左右各有两只反褶裥,侧缝斜袋各一只,后裤片左右各收二只省,装腰头,前门襟开口装拉链,后裤片两只嵌线开袋,如图3-59所示。男西裤规格尺寸参照表3-3。

图3-59　款式和效果

表3-3
男西裤规格尺寸

部位\ 号型	155/70A	160/74A	165/78A	170/82A	档差
裤长	99.5	102.5	105.5	108.5	3
腰围	72	76	80	84	4
臀围	96	100	104	108	4
脚口	20	21	22	23	1
上裆	24.3	25	25.7	26.4	0.7

★ 任务体验

1.制版操作步骤

（1）单击菜单"号型→号型编辑",在设置号型规格表中输入尺寸(此操作可有可无),如图3-60所示。

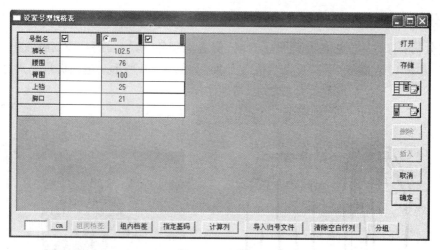

图 3-60 号型编辑

（2）使用所学绘图知识绘制，如图 3-61 所示。

（3）使用"智能笔"等设计工具绘制西裤零部件，完整的结构图如图 3-62 所示。

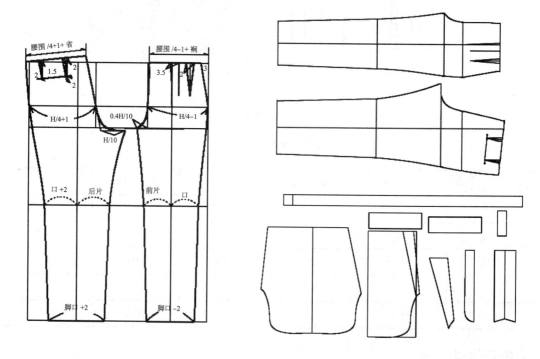

图 3-61 男西裤结构

图 3-62 结构完成效果

（4）使用"剪刀"工具 ✂ 拾取所有衣片纸样；使用"布纹线"工具 🖼 改变布纹线方向；在"衣片辅助线"工具 ⁺🗲 下，放在纸样上，按 Shift 单击右键，出现"纸样资料"对话框，输入纸样资料，用"钻孔"工具 ⊕ 给省打上钻眼，用"剪口"工具 🖼 在中裆处打上剪口，如图 3-63 所示。

（5）选择"加缝份"工具 🗂，把裤片脚口缝份修改为 3 cm（拾取纸样时，系统自动加缝份 1 cm），完整纸样如图 3-64 所示。

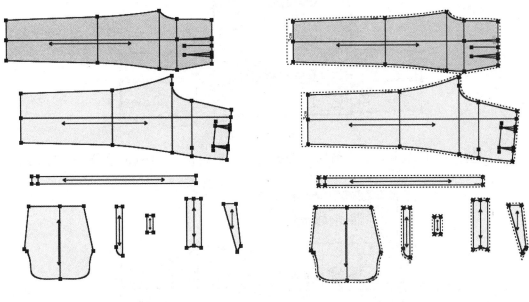

| 图 3-63　纸样完成效果 | 图 3-64　放缝完成效果 |

（6）存盘,结束。

2. 放码操作步骤

（1）首先编辑号型规格表。单击菜单"号型→号型编辑",增加需要的号型并设置好各号型的颜色,如图 3-65 所示。

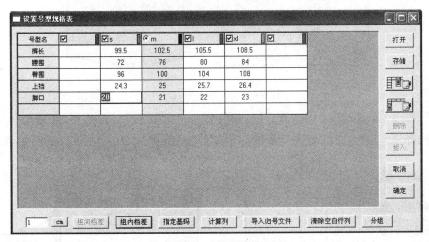

图 3-65　号型编辑

（2）单击快捷工具栏中的"显示结构线" 使其弹起,点击"显示样片" 使其按下去,按 F7 把缝份线隐藏,把前后幅纸样放入工作区,摆好位置,单击"点放码"图标 ,弹出点放码表,把"自动判断正负"按钮 选中。

（3）选择 工具,同时框选前片前中部分,进行横向放缩 0.4 cm,如图 3-66 所示。

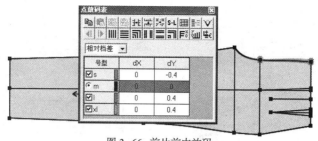

图 3-66 前片前中放码

（4）选择 工具，同时框选前片横裆端点，进行横向放缩 -0.6 cm，如图 3-67 所示。

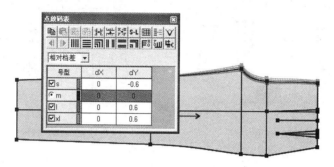

图 3-67 前片横裆放码

（5）选择 工具，同时框选前片侧缝上段部分，进行横向放缩 0.6 cm，如图 3-68 所示。

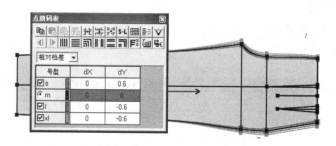

图 3-68 前片侧缝上段放码

（6）选择 工具，同时框选前片褶，进行横向放缩 0.3 cm，如图 3-69 所示。

（7）选择 工具，同时框选后片的后中部分，进行横向放缩 0.3 cm，如图 3-70 所示。

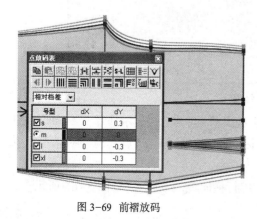

图 3-69 前褶放码

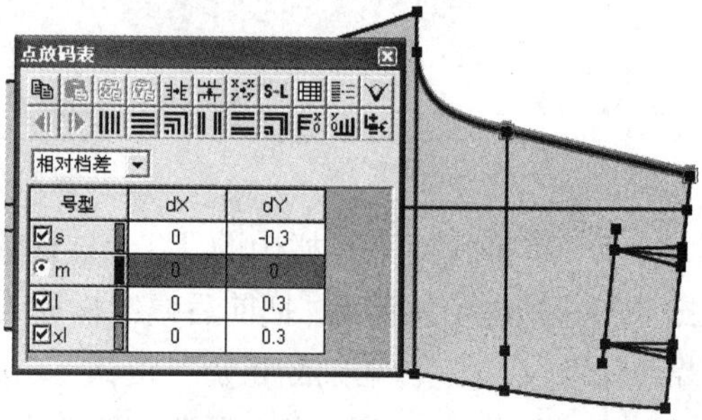

图 3-70 后片后中放码

（8）选择 ▣ 工具，同时框选后片的横裆端点，进行横向放缩0.7 cm，如图3-71所示。

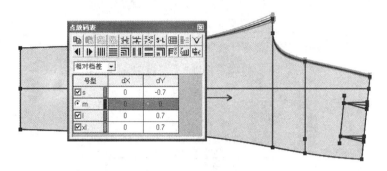

图3-71　后片横裆放码

（9）选择 ▣ 工具，同时框选后片侧缝线上段部分，进行横向放缩0.7 cm，如图3-72所示。

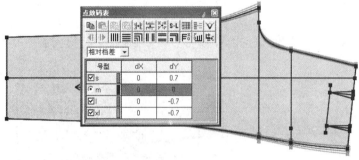

图3-72　后片侧缝上段放码

（10）选择 ▣ 工具，同时框选后片侧缝线腰省，进行横向放缩0.3 cm，如图3-73所示。

（11）选择 ▣ 工具，同时框选前片和后片的腰口线，进行纵向放缩0.7 cm，如图3-74所示。

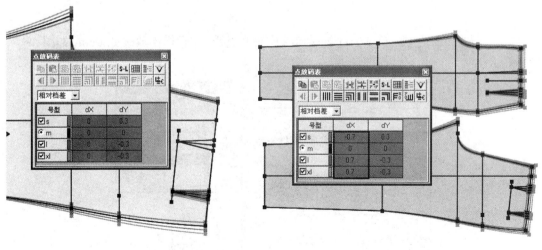

图3-73　侧腰省放码　　　　　　　　图3-74　腰口放码

（12）选择 ▣ 工具，同时框选前片和后片的臀围线，进行纵向放缩0.2 cm，如图3-75所示。

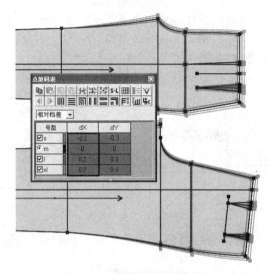

图 3-75 臀围线放码

（13）选择 ▣ 工具，同时框选前片和后片的下裆线，进行横向放缩 0.5 cm，如图 3-76 所示。

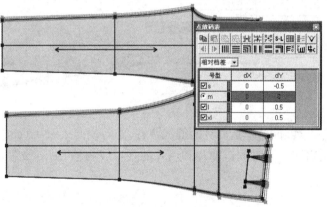

图 3-76 下裆线放码

（14）选择 ▣ 工具，同时框选前片和后片的侧缝线，进行横向放缩 0.5 cm，如图 3-77 所示。

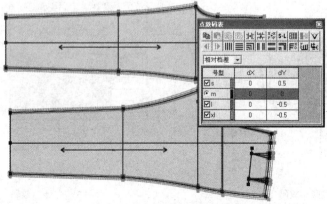

图 3-77 侧缝线放码

（15）选择 ▣ 工具，同时框选前片和后片的膝围线，进行纵向放缩 1.1 cm，如图

3-78 所示。

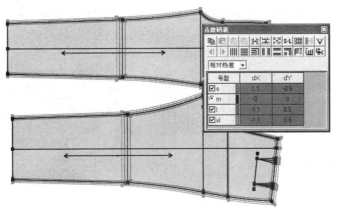

图 3-78　腰围线放码

（16）选择 ▣ 工具，同时框选前片和后片的脚口线，进行纵向放缩 2.3 cm，如图 3-79 所示。

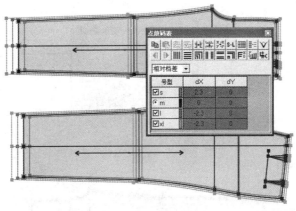

图 3-79　脚口线放码

（17）选择 ▣ 工具，同时框选后片兜位的两个端点线，进行纵向放缩 0.3 cm，如图 3-80 所示。

（18）选择 ▣ 工具，同时框选后片兜位的两个端点及省尖点，进行横向放缩 0.3 cm，如图 3-81 所示。

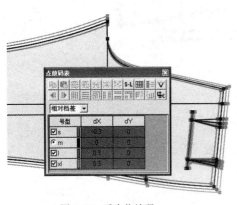

图 3-80　后兜位放码

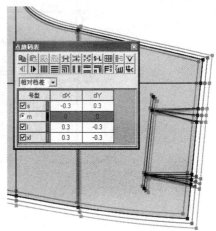

图 3-81　省尖放码

（19）选择 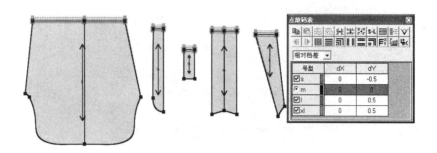 工具，同时框选袋布、袋贴、袋垫、门襟、里襟，进行纵向放缩 0.5 cm，如图 3-82 所示。

图 3-82 零部件放码

（20）选择 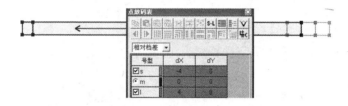 工具，同时框选腰头，进行横向放缩 4 cm，如图 3-83 所示。

图 3-83 腰头放码

（21）完整放缩如图 3-84 所示。

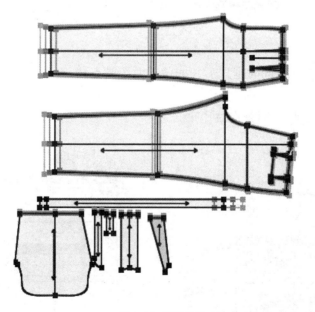

图 3-84 放码完成

（22）存盘，完成。

3. 排料操作步骤

（1）双击"RP-GMS"图标，进入排版系统界面。

（2）选择菜单栏里的"唛架"的下拉菜单"单位选择"弹出"量度单位"对话框，改量度单位为厘米。

（3）单击"新建"按钮，弹出"唛架设定"对话框，输入唛架长度、宽度和层数等数据，单击"确定"按钮，如图 3-85 所示。

（4）弹出"选取款式"对话框，单击"载入"按钮，如图 3-86 所示。

图 3-85　唛架设定

图 3-86　选取款式

（5）弹出"选取款式文档"对话框，单击"男西裤.dgs"，再单击"打开"按钮，如图 3-87 所示。

图 3-87　选取款式文档

（6）弹出"纸样制单"对话框，输入款式名称、款式布料和号型套数，检查及修改纸样数据，单击"确定"按钮，如图 3-88 所示。

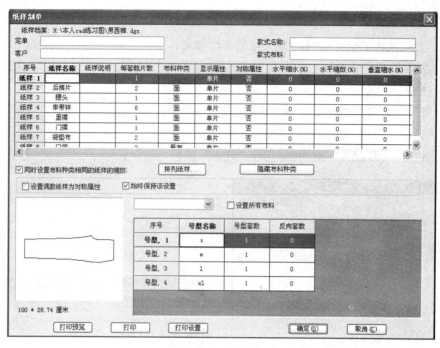

图 3-88　纸样制单

（7）单击"选取款式"对话框中的"确定"按钮，如图 3-89 所示。

图 3-89　选取款式

（8）纸样窗和尺码窗中显示纸样的形状、号型、裁剪片数，如图 3-90 所示。

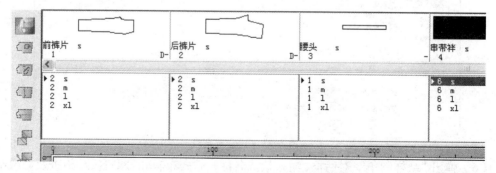

图 3-90　完成效果

（9）设定纸样的显示参数。选择"选项"菜单中的"在唛架上显示纸样"命令，弹出

"显示唛架纸样"对话框，取消"件套颜色"选项的勾选，在"说明"选项中，单击"布纹线"框右边的三角箭头，选择"纸样名称"等所需在布纹线上显示的内容。

（10）选择"排料"菜单中的"开始自动排料"命令，计算机会自动排版，随后弹出"排料结果"对话框，单击"确定"按钮，运用手动排料、自动排料或超级排料等，排至利用率最高、最省料。根据实际情况也可以用方向键微调纸样使其重叠，或利用 1 键、3 键旋转纸样（如果纸样呈未填充颜色状态，则表示纸样有重叠部分），如图 3-91 所示。

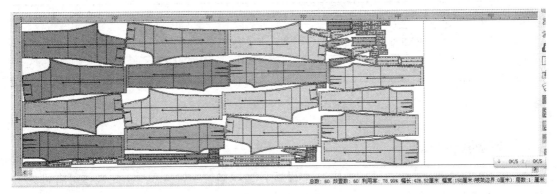

总数：60 放置数：60 利用率：78.99% 幅长：426.52厘米 幅宽：150厘米（唛架边界:0厘米） 层数：1 厘米

图 3-91 排料完成

（11）单击"保存"按钮，弹出"另存唛架文档为"对话框，输入文件名称"男西裤排料 .PTN"，单击"保存"按钮。

任务三 ▶ 牛仔裤CAD制版

★ 任务目标

1. 熟练使用设计与纸样工具、放码工具、排料工具。

2. 能熟练运用相关工具对牛仔裤进行制版、放缝、放码、排料。

★ 任务分析

款式分析：上裆较短，收紧腹臀部，前片侧缝月亮袋，后片拼育克，贴贴袋，各部位缉明线装饰，如图 3-92 所示。牛仔裤规格尺寸参照表 3-4。

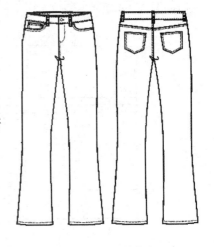

图 3-92 牛仔裤款式

73

表 3-4　　　　　　　　　　　　　　牛仔裤规格尺寸

部位＼号型	155/64A	160/68A	165/72A	170/76A	档差
裤长	97	100	103	106	3
腰围	66	70	74	78	4
臀围	88	92	96	100	4
脚口	39	41	43	45	2
上裆	22.5	23	23.5	24	0.5
膝围	40	42	44	46	2

★ 任务体验

1. 制版操作步骤

（1）单击菜单"号型→号型编辑"，在设置号型规格表中输入尺寸（此操作可有可无），如图 3-93 所示。

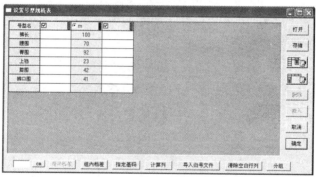

图 3-93　号型编辑

（2）根据男女西裤制版知识，依据各部位控制尺寸及公式计算方法，绘制牛仔裤结构图，如图 3-94 所示。

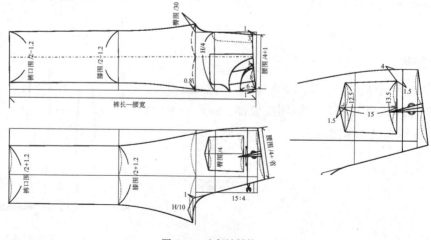

图 3-94　牛仔裤结构

（3）完成图如图3-95所示。

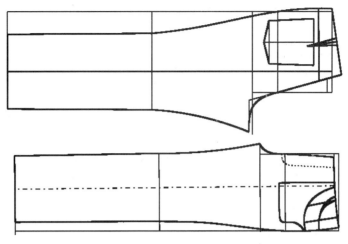

图3-95 结构完成效果

（4）选择"合并调整"工具 调整前后裆弧线，前后裆弧为同侧时，勾选翻转组，再选线，选手动或自动顺滑调顺前后裆弧线，如图3-96所示。

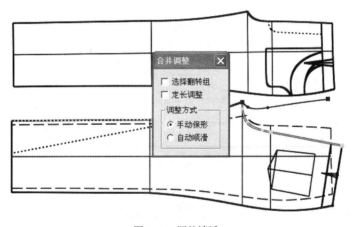

图3-96 调整裆弧

（5）袋布及袋垫绘制。

① 选择"移动"工具 将袋布复制在空白处，使用"橡皮擦"工具 擦除多余的线条，如图3-97所示。

② 选择"对称"工具 对称袋布，使用"橡皮擦"工具 擦除多余的线条，如图3-98所示。

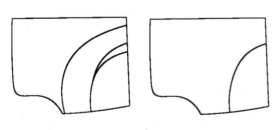

图3-97 口袋布绘制

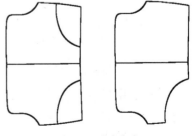

图3-98 袋布完成

③ 选择"移动"工具 ▦ 将袋垫复制在空白处,使用"橡皮擦"工具 ✎ 擦除多余的线条,选择设置线的"类型"工具将袋口线改为虚线,如图 3-99 所示。

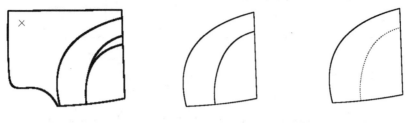

图 3-99 袋垫绘制

(6)门里襟、腰头及串带祥绘制如图 3-100 所示。

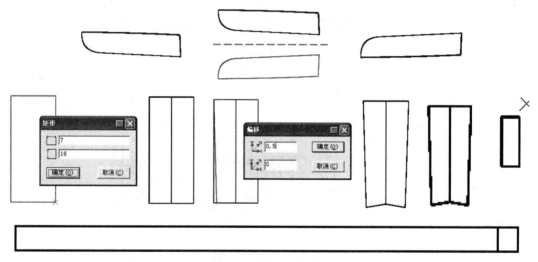

图 3-100 零部件绘制

(7)后育克处理。

① 选择"移动"工具 ▦ 将后育克复制在空白处,使用"剪断线"工具 ✄ 剪断相应的线条,用"橡皮擦"工具 ✎ 擦除多余的线条,如图 3-101 所示。

② 选择"旋转"工具将腰省合并,使用调整工具将上下口弧线调顺,如图 3-102 所示。

图 3-101 后育克   图 3-102 后育克完成

(8)使用"剪刀"工具 ✄ 拾取所有衣片纸样;使用"布纹线"工具 ▥ 改变布纹线方向;在"衣片辅助线"工具 ⁺ 下,放在纸样上,按 Shift 单击右键,出现"纸样资料"对话框,输入纸样资料,用"钻孔"工具 ⊛ 给省打上钻眼,用"剪口"工具 ⬟ 在中档处打上剪口,如图 3-103 所示。

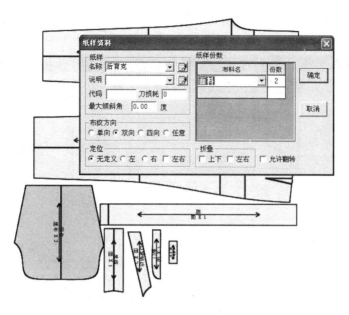

图 3-103 拾取纸样

(9)选择"加缝份"工具 修改纸样合适的缝份,完整纸样图如图 3-104 所示。

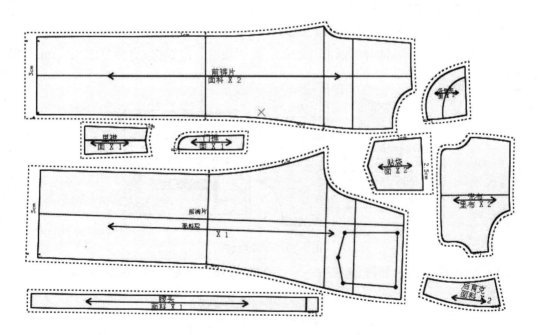

图 3-104 加缝份完成

(10)存盘,结束。

2. 放码操作步骤

（1）首先编辑号型规格表。单击菜单"号型→号型编辑"，增加需要的号型并设置好各号型的颜色，如图3-105所示。

图3-105 号型编辑

（2）单击快捷工具栏中的"显示结构线" ⊞ 使其弹起，点击"显示样片" ◈ 使其按下去，按F7把缝份线隐藏，把前后幅纸样放入工作区，摆好位置，单击"点放码"图标 ⊡ ，弹出点放码表，把"自动判断正负"按钮 ⊞ 选中。

（3）选择 ⊡ 工具，同时框选前片袋布、前片袋贴、门里襟，纵向放缩0.3 cm，如图3-106所示。

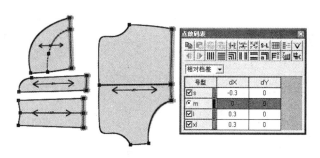

图3-106 零部件放码

（4）选择 ⊡ 工具，同时框选腰头一端及里襟线，横向放缩1 cm，如图3-107所示。

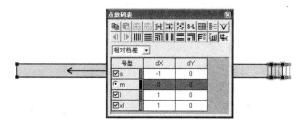

图3-107 腰头放码

（5）选择 ▣ 工具，同时框选前片袋布，纵向放缩 0.5 cm，如图 3-108 所示。

（6）选择 ▣ 工具，同时框选前片袋布，横向放缩 0.3 cm，如图 3-109 所示。

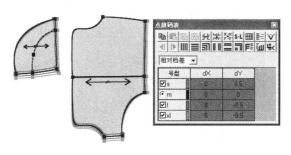 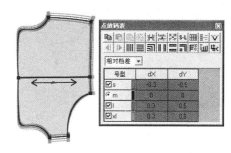

图 3-108　袋布放码 1　　　　　　　　　　　图 3-109　袋布放码 2

（7）选择 ▣ 工具，同时框选前片袋布，纵向放缩 0.1 cm，如图 3-110 所示。

（8）选择 ▣ 工具，框选后片袋布，袋长纵向放缩 0.5 cm，袋宽横向 0.2 cm，如图 3-111 所示。

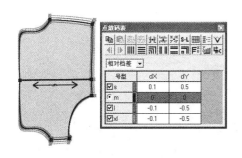 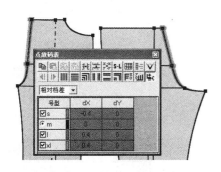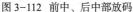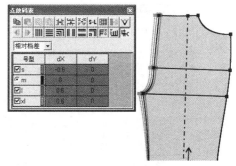

图 3-110　袋布放码 3　　　　　　　　　　　图 3-111　后贴袋放码

（9）选择 ▣ 工具，同时框选前片前中部分、后片后中部分，横向放缩 0.4 cm，如图 3-112 所示。

（10）选择 ▣ 工具，框选前片横裆端点，横向放缩 0.6 cm，如图 3-113 所示。

图 3-112　前中、后中部放码　　　　　　　　图 3-113　前片横裆放码

（11）选择 ▣ 工具，框选后片横裆端点，横向放缩 0.7 cm，如图 3-114 所示。

（12）选择 ▣ 工具，同时框选前片和后片侧缝上部分，横向放缩 0.6 cm，如图 3-115 所示。

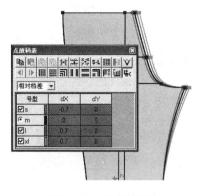

图 3-114 后片横裆放码

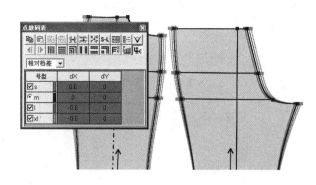

图 3-115 前、后片侧缝上部放码

（13）选择"拷贝点放码量"工具 ▓▓，将后片侧缝及后中上部分的放码量拷贝到后育克的相应位置，如图 3-116 所示。

（14）选择 ▓ 工具，同时框选前片和后片腰口线，纵向放缩 0.5 cm，如图 3-117 所示。

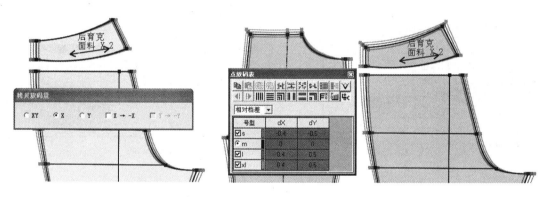

图 3-116 后育克放码　　　　　　　　　图 3-117 腰口放码

（15）选择 ▓ 工具，同时框选前片和后片臀围线，纵向放缩 0.2 cm，如图 3-118 所示。

（16）选择 ▓ 工具，框选前片袋位侧缝点，纵向放缩 0.3 cm，如图 3-119 所示。

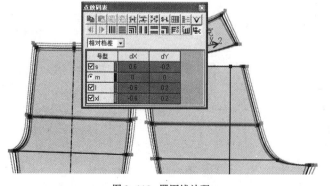

图 3-118 臀围线放码

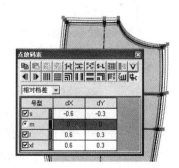

图 3-119 袋位放码

（17）选择 ▓ 工具，框选前片袋位腰口点，横向放缩 0.1 cm，如图 3-120 所示。

（18）选择 ▓ 工具，同时框选前片和后片内侧线，横向放缩 0.5 cm，如图 3-121 所示。

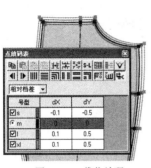

图 3-120 袋位放码

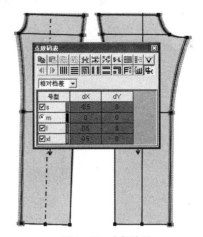

图 3-121 内侧放码

（19）选择 工具，同时框选前片和后片侧缝线，横向放缩 0.5 cm，如图 3-122 所示。

（20）选择 工具，同时框选前片和后片膝围线，纵向放缩 1.2 cm，如图 3-123 所示。

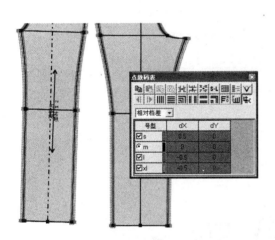

图 3-122 外侧放码

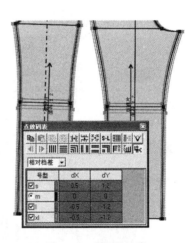

图 3-123 膝围线放码

（21）选择 工具，同时框选前片和后片脚口线，纵向放缩 2.5 cm，如图 3-124 所示。

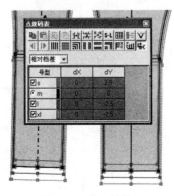

图 3-124 脚口放码

（22）选择 工具，框选后片袋位后中一端，横向放缩 0.1 cm，如图 3-125 所示。

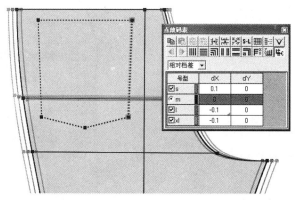

图 3-125 后袋位放码

（23）选择 🔲 工具，框选后片袋位侧缝一端，横向放缩 0.3 cm，如图 3-126 所示。

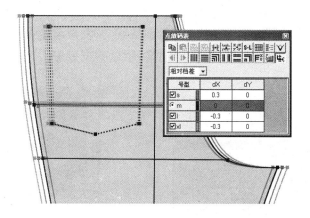

图 3-126 后袋位放码

（24）完整放缩如图 3-127 所示。

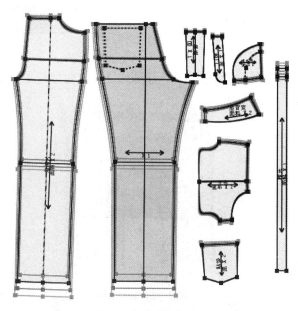

图 3-127 放码完成

（25）存盘，完成。

3. 排料操作步骤

（1）双击"RP-GMS"图标，进入排版系统界面。

（2）选择菜单栏里的"唛架"的下拉菜单"单位选择"弹出"量度单位"对话框，改量度单位为厘米。

（3）单击"新建"按钮，弹出"唛架设定"对话框，输入唛架长度、宽度和层数等数据，单击"确定"按钮，如图3-128所示。

（4）弹出"选取款式"对话框，单击"载入"按钮，如图3-129所示。

图3-128　唛架设定

图3-129　选取款式

（5）弹出"选取款式文档"对话框，单击"男西裤.dgs"，再单击"打开"按钮。

（6）弹出"纸样制单"对话框，输入款式名称、款式布料和号型套数，检查及修改纸样数据，单击"确定"按钮，如图3-130所示。

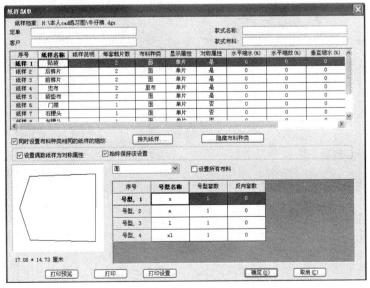

图3-130　纸样制单

（7）单击"选取款式"对话框中的"确定"按钮，如图 3-131 所示。

图 3-131 选取款式

（8）纸样窗和尺码窗中显示纸样的形状、号型、裁剪片数，如图 3-132 所示。

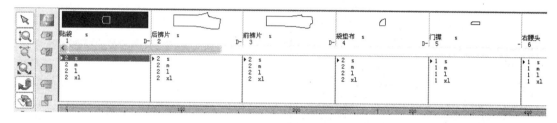

图 3-132 完成图

（9）设定纸样的显示参数。选择"选项"菜单中的"在唛架上显示纸样"命令，弹出"显示唛架纸样"对话框，取消"件套颜色"选项的勾选，在"说明"选项中，单击"布纹线"框右边的三角箭头，选择"纸样名称"等所需在布纹线上显示的内容，如图 3-133 所示。

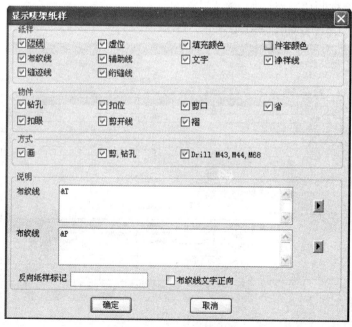

图 3-133 显示唛架纸样

（10）选择"排料"菜单中的"开始自动排料"命令，计算机会自动排版，随后弹出"排料结果"对话框，单击"确定"按钮，运用手动排料、自动排料或超级排料等，排至利用率最高、最省料。根据实际情况也可以用方向键微调纸样使其重叠，或利用1键、3键旋转纸样（如果纸样呈未填充颜色状态，则表示纸样有重叠部分），如图3-134所示。

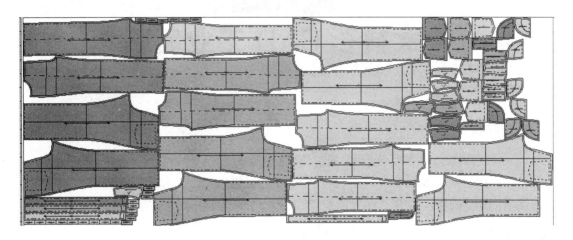

图3-134　排料完成

（11）单击"保存"按钮，弹出"另存唛架文档为"对话框，输入文件名称"牛仔裤排料.PTN"，单击"保存"按钮。

★ 项目练习

1.绘制女西裤的样片、放码并1：1打印输出。

2.绘制男西裤的样片、放码并1：1打印输出。

3.绘制牛仔裤的样片、放码并1：1打印输出。

4.根据已学知识自己设计一款牛仔裤，并绘制出样片、放码并1：1打印输出。

项目四
女衬衫 CAD 工业制版

★ 项目目标

1. 掌握自由设计法制图的运用，通过使用绘图工具绘制女衬衫。
2. 熟练点放码工具的操作，通过操作学会女衬衫放码。
3. 熟练排料工具、菜单、命令的操作，掌握女衬衫服装排料的方法。

★ 项目结构

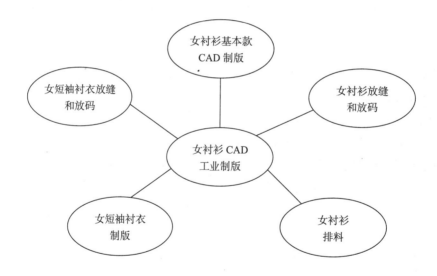

★ 项目描述

女衬衫的类型较为丰富，有长袖式、短袖式；有翻领、立领、无领；还有礼服式衬衫、运动式衬衫等。女士衬衫主要在领、袖上大作"文章"，以改变刻板的形象。本项目主要用基型制图法进行绘制，容易学习并掌握女衬衫 CAD 制图的规律和技巧。

★ 过程质量评定

女衬衫实训记录与成绩评定标准参照表4-1。

表4-1   **女衬衫实训记录与成绩评定**

内容	评分项目	评分要点	实训记录	分值	得分
CAD 板型制作、放码（100分）	样板结构	1. 结构设计正确、合理，符合服装款式造型要求，体现电脑纸样设计过程。 2. 线条流畅、规范。 3. 制图符号、对位标记标注正确、清晰，无遗漏。		35	
	样板规格	1. 成品规格尺寸与样衣相符。 2. 成品规格不超过行业标准的允许公差。		15	
	样板放缝	1. 放缝准确、均匀。 2. 转角处理准确、圆顺。 3. 衬料样板与面料样板放缝准确、合理。		15	
	样板排料	1. 样板丝缕摆放准确。 2. 排料合理。 3. 面料、衬料用布适宜。		15	
	放码	1. 样板放码码数齐全、部件完整、线条缩放后走形符合软式造型要求。 2. 纱向、裁片数、对位记号标注齐全、准确无误。 3. 公共线确定合理，各部位档差标注明确。		20	

任务一 ◎ 女衬衫基本款 CAD 制版

★ 任务目标

1. 熟练使用"智能笔"工具。
2. 灵活应用相关工具、命令、菜单绘制相关部位。
3. 掌握插入"省"工具的多种操作方法。

★ 任务分析

款式分析：平尖领，右襟开五个扣眼，前身收横胸省左右各一个，直腰身，装袖，袖口开

衩,有袖克夫如图 4-1 所示。女衬衫规格尺寸参照表 4-2。

图 4-1　女衬衫款式

表 4-2　　　　　　　　　　　　**女衬衫规格尺寸**

部位＼号型	150/76A	155/80A	160/84A	165/88A	170/92A	档差
衣长	60	62	64	66	68	2
胸围	90	94	98	102	106	4
肩宽	38	39	40	41	42	1
领围	34	35	36	37	38	1
袖长	51	52.5	54	55.5	57	1.5

★ 任务体验

前后片制图步骤

（1）单击菜单"号型→号型编辑"，在设置号型规格表中输入尺寸（此操作可有可无），如图 4-2 所示。

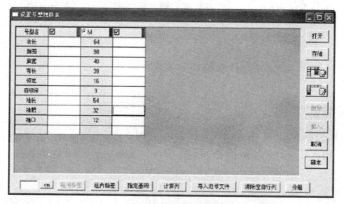

图 4-2　号型规格表

（2）选择"智能笔"工具 ✐ 在空白处拖定出衣长 64 cm、后胸围为胸围 98/4（24.5 cm），如图 4-3 所示。

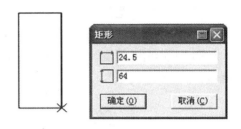

图 4-3　衣长胸围

（3）用"矩形"工具 ▱ 定后领宽 8 cm、后领深 2 cm，选择"智能笔"工具 ✐ 画出后领弧线，并用"对称调整"工具 ▱ 对后领弧线进行对称调整，如图 4-4 所示。

图 4-4　后领调整

（4）选择"智能笔"工具 ✐，光标放在后中线的最上端，该点变成亮星点时单击 Enter 键，弹出"偏移"对话框，输入偏移量，按确定，并与领宽点连接，如图 4-5 所示。

（5）继续用"智能笔"工具 ✐，放在上平线上（等分点之外）按住左键往下拖，输入 24 并单击左键定出胸围线。同样的操作方法定出腰线。如图 4-6 所示。

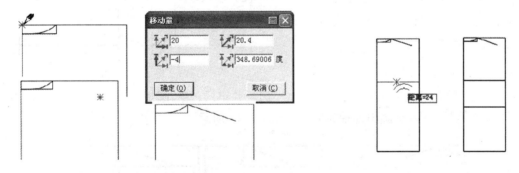

图 4-5　后领宽　　　　　　　　　　　　　　　图 4-6　腰节线

（6）用"智能笔"工具 ✐ 定出背宽（可以用计算器：胸围 /6+2.5=18.8），如图 4-7、图 4-8 所示。

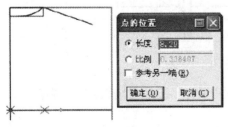

图 4-7　背宽线（一）

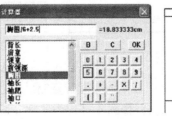

图 4-8　背宽线（二）

（7）用"智能笔"工具 ✎ 画后袖笼。在背宽线上取等分点时，如果不是所用需要的等分数，在快捷工具栏 ▱ 输入合适的等分数，用"调整"工具 ▨ 调整圆顺，如图4-9所示。

（8）同样用"智能笔"画侧缝线及下摆线，再用"调整"工具 ▨ 调整圆顺，如图4-10所示。

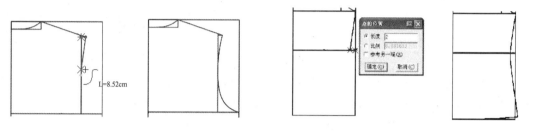

图4-9 后袖笼　　　　　　　　　　　图4-10 下摆线

（9）用"移动"工具 ▦ 复制后幅的结构线来制作前幅，用"智能笔"工具 ✎ 在胸围线上向上拖距其2.5 cm的线，如图4-11所示。

（10）用"矩形"工具 ▭ 框出前领深9 cm，前领宽8 cm，用"智能笔"工具 ✎ 画出前落肩线4.2 cm，前胸宽17.8 cm，画出前领曲线，再用"对称调整"工具 ▨ 对前领调整至满意为止，如图4-12所示。

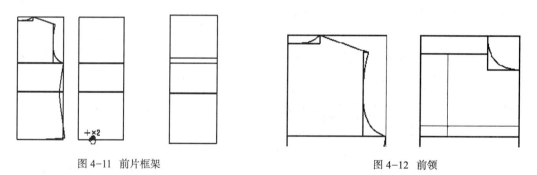

图4-11 前片框架　　　　　　　　　　图4-12 前领

（11）用"比较长度"工具 ▤ 测量后幅小肩长并记录，用"圆规"工具 ⊿ 作出前幅小肩，用"智能笔"工具 ✎ 画出前袖笼曲线，如图4-13所示。

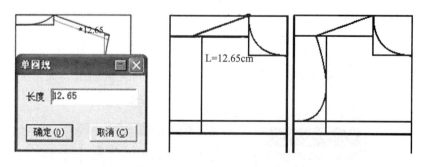

图4-13 前袖笼

（12）用"移动"工具 ▦ 翻转复制后侧缝，并用"调整"工具 ▨ 把侧缝上端点调整至距胸围2.5 cm的线上，如图4-14所示。

（13）用"智能笔"工具 ✎ 画出门襟及下摆线，用"合并调整"工具 ▨ 调整前后夹圈，前后领口曲线及前后下摆至圆顺，如图4-15所示。

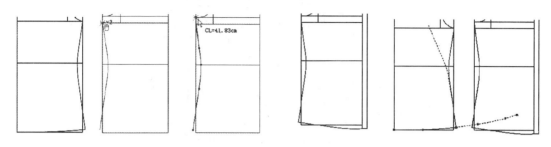

图4-14　前侧缝　　　　　　　　　　　　　　　　图4-15　下摆线

（14）用"智能笔"工具 ✎ 画出腋下省中线及前后菱形省中线，用"比较长度"工具 📏 测量前后袖笼长并记录，如图4-16所示。

（15）用"智能笔"工具 ✎ 画出袖肥32 cm，用"圆规"工具 🅰 作出前后袖山斜线，如图4-17所示。

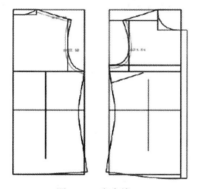
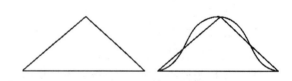

图4-16　省中线　　　　　　　　　　　　　　　　图4-17　袖山斜线

（16）用"智能笔"工具 ✎ 画袖山曲线，并用"调整"工具 调整至圆顺。

（17）用"比较长度"工具 📏 比较袖山曲线与前后袖笼的差值，如果容位不是预期值，用"线调整"工具 调整到位，如图4-18所示。

（18）用"智能笔"工具 ✎ 画出袖中线及袖口、袖侧缝，如图4-19所示。

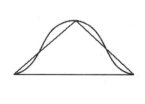
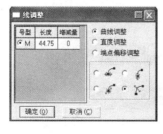
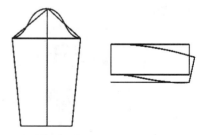

图4-18　袖山弧线　　　　　　　　　　　　　　　图4-19　袖、领

（19）用"比较长度"工具 📏 测量出前后领口曲线的总长，用"智能笔"工具 ✎ 画出领。

（20）用"剪刀"工具 ✂ 拾取纸样的外轮廓线及对应纸样的省中线，如图4-20所示。

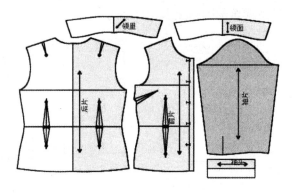

图 4-20　纸样完成效果

（21）保存。

任务二 ◎ 女衬衫放缝和放码

★ 任务目标

1. 掌握服装 CAD 推板基础知识。

2. 认识样板放缝工具，学会为样板放缝。

3. 掌握样板放缝、打剪口的操作方法。

4. 认识样板放码工具，学会女衬衣样板放码。

★ 任务体验

1. 前后片放缝和放码制作

（1）以前片为例。选择"纸样"列表框中的纸样，单击边线上任意一点，弹出对话框，输入缝份量 1 cm；有特殊缝份的，可以分段输入。现在我们为底边输入较宽的缝份，如图 4-21 所示。

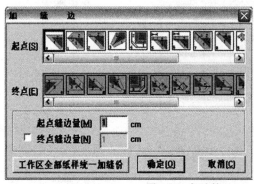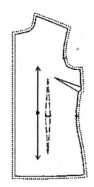

图 4-21　加缝份

（2）继续使用"缝份"工具 ，框选前片底摆，底摆线变红，右键单击，出现"加缝份"对话框。在起点和终点上分别对应选择"按1、2边对幅"、"按2、3边对幅"，缝份量里输入2.5。单击"确定"按钮，结束操作。如图4-22所示。

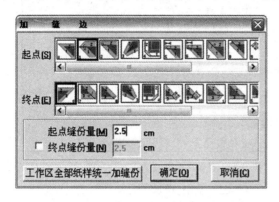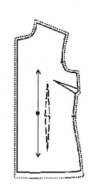

图4-22 修改缝份

（3）"加剪口"工具 在需要加剪口的位置直接点击即可，直接用此工具可调整方向。系统里存储多种剪口类型，根据需要进行选择，也可设置剪口的深度、宽度。

（4）找到所需女衬衣文件，双击文件名，打开纸样文件，如图4-23所示。

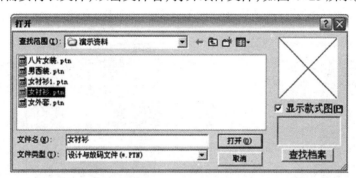

图4-23 纸样文件

（5）单击菜单"号型→号型编辑"，弹出"设置号型规格表"对话框，将女衬衫的部件名称输入第一列表格内，在第二列表格输入150码的尺寸，再单击150码，点击"附加"添加第三列，第四列，设置为155码和160码，系统会自动为155码和160码加上和160码一样的尺寸。点击部件在155码或160码的尺寸，再在对话框右下角，档差旁边的格内输入档差值，点击"档差"，系统会自动给M码和L码加上档差。点击"确定"即可。

（6）在对话框内，点击左边的号型名，再点击右边的颜色就可以为该号型加上颜色。给号码加上颜色，点击"确定"即可，如图4-24所示。

图4-24 号型规格表

（7）单击快速栏中的"点放码"工具 📖，弹出点放码表。

（8）将前后片按同一个方向排好，单击"选择与修改"工具 📖，框选前、后肩点及后肩省点，在点放码表中输入 S 码的 dX 量 -0.6、dY 量 -0.1，单击"XY 相等"图标 🔟，则系统会自动给框选的各点加上各码的放码量，如图 4-25 所示。

（9）用"点放码"工具 📖 框选前后片的腰省，在点放码表中输入 S 码的 dX 量 -0.5，单击"X 相等"图标，系统会自动给各点加上各码的放码量，如图 4-26 所示。

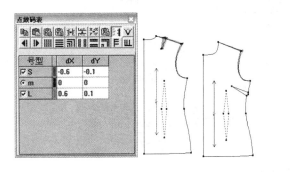

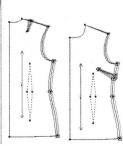

图4-25 肩放码　　　　　　　　　　　　　　　　　　　　　图4-26 腰放码

（10）用"点放码"工具 📖 框选前后片腰省的省尖点，在点放码表中输入 S 码的 dY 量 2，单击"Y 相等"图标，系统会自动给各点加上各码的放码量，如图 4-27 所示。

（11）用"点放码"工具 📖 框选前后片的颈肩点，在点放码表中输入 S 码的 dX 量 -0.2，单击"X 相等"图标，系统会自动给各点加上各码的放码量，如图 4-28 所示。

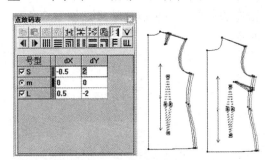
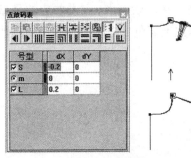

图4-27 腰省尖放码　　　　　　　　　　　　　　　　　　图4-28 肩放码

（12）用"点放码"工具 ▣ 框选前片的前领深点,在点放码表中输入 S 码的 dY 量 0.2,单击"Y 相等"图标,系统会自动给各点加上各码的放码量,如图 4-29 所示。

图 4-29　领的放码

2. 袖子的点放码

（注:点 1 输入 S 码的 dX 量 0.3,dY 量 0.4,选择 XY 相等。选择点 2:输入 S 码的 dX 量 0.4,dY 量 1.1,选择 XY 相等。）

（1）单击点 1,单击"点放码表"对话框内的复制放码量,单击 3,再粘贴 XY,就可以看到点 3 有了点 1 的放码量;或者采用拷贝点放码量,选择该工具在点 1 上单击一次,再到点 3 上单击一次;同样将点 2 的放码量复制到点 4 上,如图 4-30 所示。

（2）对于 X 方向,Y 方向的放码量是反向的,按 X 取反,就可以得到正确的放码量,如图 4-31 所示。

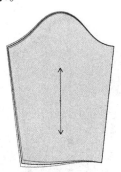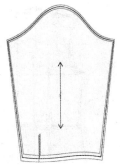

图 4-30　袖子放码 1　　　　　　　　　　　图 4-31　袖子放码 2

3. 领子放码

（1）用"点放码"工具 ▣ 框选点 1 和点 2,输入 S 码的 dX 量 0.5。这样就放好了半个领子,如图 4-32 所示。

（2）用"点放码"工具 ▣ 点击,顺时针拖选点 3 和点 4 连成的线段（以点 3 和点 4 连成的线段为对称轴）,单击"对称复制"工具 ▣ ,系统会自动生成一个新的领子纸样,原来的也还会保留,如图 4-33 所示。

图 4-32　领放码　　　　　　　　　图 4-33　领放码完成

4. 袖克夫放码

用"点放码"工具 　 框选点 1 和点 2,输入 S 码的 dX 量 0.8,如图 4-34 所示。

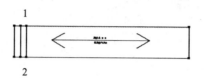

图 4-34　袖克夫放码

5. 完成,储存

完成效果如图 4-35 所示。

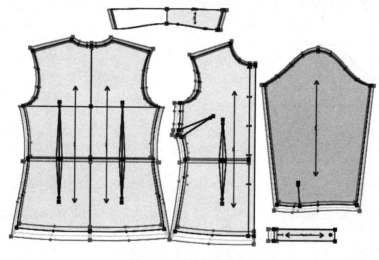

图 4-35　女衬衫最终效果

任务三 ◉ 女衬衫排料

★ 任务目标

1. 掌握服装 CAD 排料基础应用知识。

2.认识服装排料工具,学会自动排料、手动排料。

3.灵活运用排料工具进行排料。

★ 任务体验

1.自动排料操作步骤

(1)单击"新建"按钮 ,弹出"唛架设定"对话框,参照图4-36所示设置各参数,在对话框内设置布幅宽(唛架宽度根据实际工作来确定)及估计的大约布长,最好略多一些,唛架边界可以根据实际情况自行设定。

图4-36　唛架设定

(2)单击"确定"按钮,弹出"选取款式"对话框,如图4-37所示。

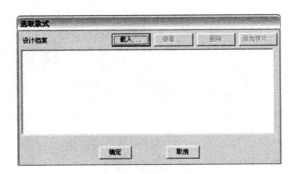

图4-37　选取款式

(3)单击"载入"按钮,弹出"选取款式文档"对话框,单击文件类型文本框旁的三角按钮,可以选取文件类型是 PTN、PDS 的文件,如图4-38所示。

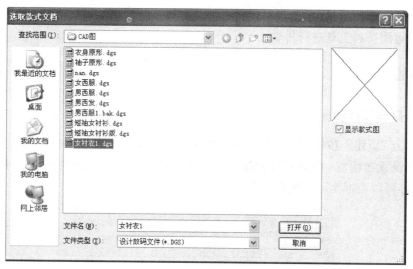

图 4-38　选取款式文档

（4）单击文件名，单击"打开"按钮，弹出"纸样制单"对话框。根据实际需要，可通过单击要修改的文本框进行补充输入或修改，如图 4-39 所示。

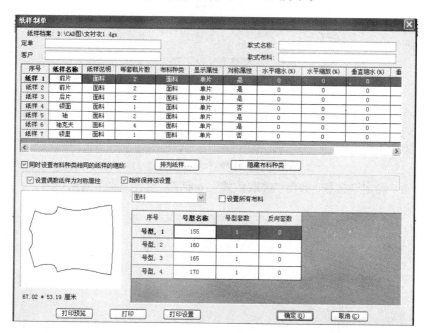

图 4-39　纸样制单

（5）单击"号型套数"栏，给各码输入需要的套数。

（6）单击"确定"按钮，回到上一个对话框，如图 4-40 所示。

（7）再单击"确定"按钮，即可看到纸样列表框内显示纸样，号型列表框内显示各号型套数，如图 4-41 所示。

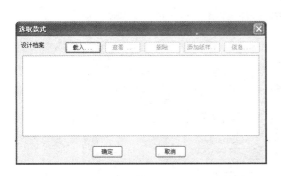

图4-40　选取款式

图4-41　显示唛架纸样

（8）这时需要对纸样的显示与打印进行参数的设定。单击"选项→在唛架上显示纸样"，弹出"显示唛架纸样"对话框，单击取消"件套颜色"的勾选，在"说明→在布纹线上"和"在布纹线下"的右边的三角箭头，单击勾选"纸样名称"等所需在布纹线上下显示的内容，如图4-42所示。

图4-42　显示唛架纸样

（9）单击菜单"排料→开始自动排料"，排料完毕，随即弹出"排料结果"对话框，拉动水平滚动条，可以查看排料结果，如图4-43所示。

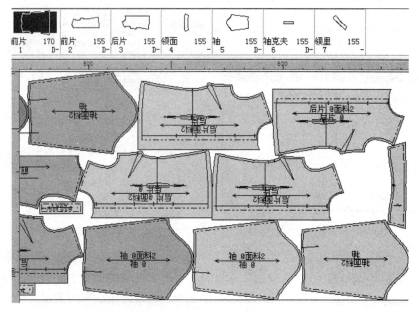

图 4-43 排料结果

（10）单击"确定"按钮，唛架即显示在屏幕上，在状态栏里还可查看排料相关的信息，在"幅长"一栏里即是实际用料数，如图 4-44 所示。

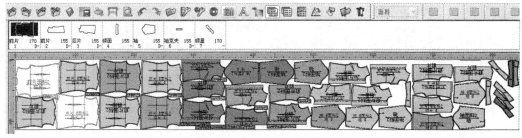

图 4-44 整个唛架

（11）单击"文档→另存"，弹出"另存为"对话框，单击"建立新文件夹"（注意新建文件夹这一步不必每次都建，下一次再存文件时只需打开该文件夹即可），修改新文件夹名称，如图 4-45 所示。

图 4-45 保存

2. 人机交互式排料操作步骤

（1）自动排料结束后，单击工具进行手动调整，单击并按住拖动纸样到空白文档位置，该纸样呈选中的斜线填充状态，如图4-46所示。

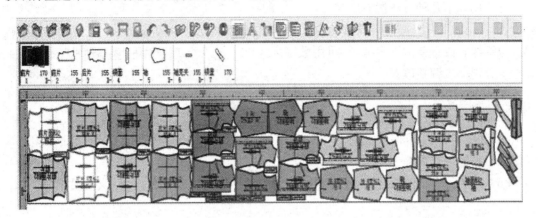

图4-46　手动调整

（2）单击"放大"工具，框选纸样，再单击，图像放大，如图4-47所示。

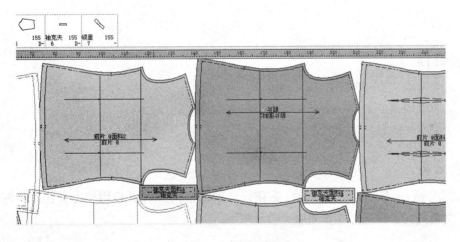

图4-47　放大调整

（3）根据情况选用鼠标右键拖动或者采用数字小键盘上8、2、6、4进行微调移动，也可使用 （"自定义"工具栏），进行纸样的移动操作，调整纸样的位置。调整好后在没有纸样的空白处单击，则纸样颜色呈填充状态，说明纸样已经排好，如果纸样呈未填充颜色状态，则表示纸样有重叠部分，需重新排料。

（4）再单击 工具，显示整张唛架，参照以上方法，继续调整其他纸样至满意为止。

（5）保存该唛架。

3. 手动排料操作步骤

（1）调入纸样部分可参考前面自动排料的说明。

（2）调入一个文件后，拖动纸样窗的滚动条，查找首先要放入的纸样，双击该纸样，纸样进入唛架上,并自动放置在左上角。

（3）在尺码列表框双击需排放的纸样,双击一次,表中的纸样数减少一个。

（4）在工作区中纸样自动弹开成靠紧状,不重叠。

（5）用以下几种方法摆放纸样。

① 移动:用右键按住需要移动的纸样,向要移动的方向拖动鼠标,纸样会滑动直至碰到其他纸样。或者单击选中纸样,可用数字键 8、2、4、6 键或 ⇧ ⇩ ⇨ ⇦（"自定义"工具栏）分别单击调整位置。

② 旋转:可击 5 键或右键旋转 90° 或 180°。

③ 旋转一定角度:特殊纸样可用 1 或 3 键旋转一定角度。

④ 重叠:可用 ⇧ ⇩ ⇨ ⇦（"自定义"工具栏）之一或用数字键 8、2、4、6 移动纸样使其与其他纸样重叠一定尺度。

（6）尺码列表框的纸样都显示为 0 时,说明纸样已经排放完毕,保存该唛架即可。

任务四 ◎ 女短袖衬衣制版

★ 任务目标

1. 熟练使用"智能笔"工具。

2. 灵活应用相关工具、命令、菜单绘制相关部位。

3. 掌握荷叶边工具、锥形省的操作方法。

★ 任务分析

款式分析:无领,收腰,鸡翼袖,高腰线分割,胸部打褶,开口用细绳和花边装饰,如图 4-48。女短袖衬衫规格尺寸参照表 4-3。

图 4-48 女短袖款式

表4-3　　　　　　　　　　　　　　女短袖衬衫规格尺寸

部位＼号型	150/76A	155/80A	160/84A	165/88A	170/92A	档差
衣长	51	53	55	57	59	2
胸围	86	90	94	98	102	4
肩宽	38	39	40	41	42	1
袖长	6	7	8	9	10	1

★ 任务体验

操作步骤

（1）单击菜单"号型→号型编辑"，在设置号型规格表中输入尺寸（此操作可有可无）。

（2）用"加入/调整工艺图片"工具 ▓ 双击女原型框架图，用"橡皮擦"工具 ▨ 擦除多余的部位，如图4-49所示。

（3）运用学过的CAD制版的知识，结合表4-3尺寸绘制出框架图，如图4-50所示。

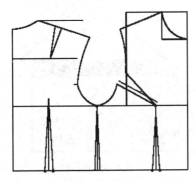

图4-49　女装原型

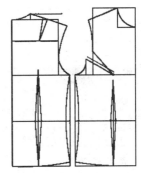

图4-50　衣身框架

（4）选择"智能笔"工具 ✎ 在后中心线画4.5 cm，肩线量取5 cm，单击"确定"即可，如图4-51所示。

（5）选择"智能笔"工具 ✎ 在前中心线画8 cm，肩线量取4.5 cm，单击"确定"即可，饰边宽2.5 cm，如图4-52所示。

图4-51　后领圈的调整

图4-52　前领圈的调整

（6）选择"智能笔"工具 ✎ 在侧缝线画 10 cm，在胸围线和前中心线量取 7 cm，单击"确定"即可，如图 4-53 所示。

（7）选择"智能笔"工具 ✎ 画出两条平行线，相距 13 cm，单击"确定"即可，如图 4-54 所示。

图 4-53 分割线的点

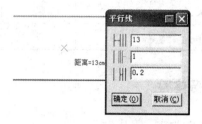

图 4-54 画出分割线

（8）选择"比较长度"工具 ⊿ 分别测量出前后袖窿长度尺寸，选择"圆规"工具 Ⓐ 画出前 AH 和后 AH，如图 4-55 所示。

（9）选择"智能笔"工具 ✎ 画出袖山弧线，如图 4-56 所示。

图 4-55 前后袖山斜线

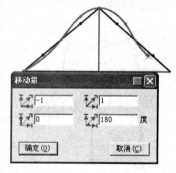

图 4-56 袖山弧线

（10）选择"智能笔"工具 ✎ 画出袖低线，袖山高为 8 cm，如图 4-57 所示。

（11）选择"旋转"工具 ⊡ 旋转胸省（也可用"转省"工具），如图 4-58 所示。

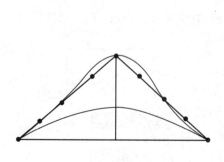

图 4-57 袖完成效果

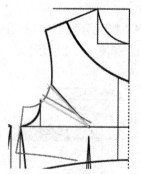

图 4-58 省的转移

（12）用"对称"工具 ⚠ 对称出后片、前下部和饰边，如图 4-59 所示。

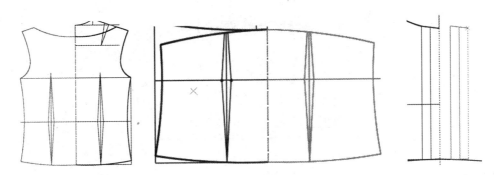

图 4-59 衣片的对称

（13）用"荷叶边"工具 ◎ 进行荷叶饰边，可直接生成纸样，单击"确定"，如图 4-60 所示。

（14）完成结构制图如图 4-61 所示。

图 4-60 荷叶边

图 4-61 最终结构

（15）用"剪刀"工具 ✂ 拾取衣片，用"剪口"工具 ▨ 在需要的地方打剪口，如图 4-62 所示。

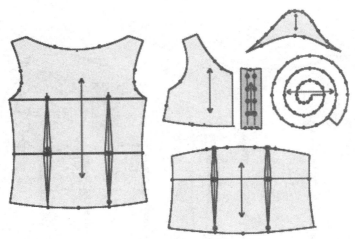

图 4-62 拾取衣片

（16）用"锥形省"工具 ▧ 在前后腰省上，输入宽度、钻孔距离等尺寸，用"钻孔"工具 ⊕ 在饰边钻孔 8 个，离上领口 1.5 cm，下低边 2.5 cm，如图 4-63、图 4-64 所示。

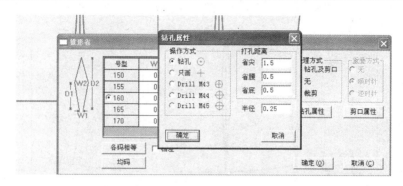

图 4-63 腰省

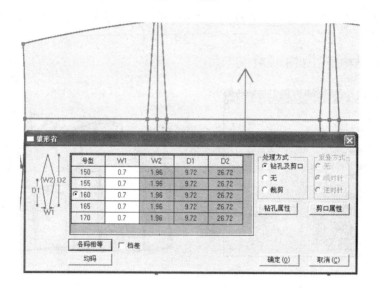

图 4-64 腰省对话框

（17）完成效果如图 4-65 所示。

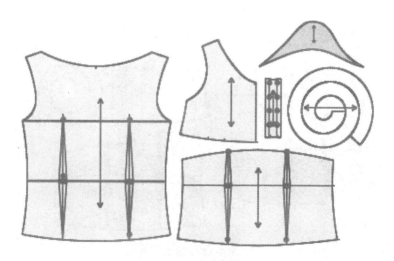

图 4-65 最终效果

（18）存储。

任务五 ◎ 女短袖衬衣放缝和放码

★ 任务目标

1. 熟练女短袖衬衣样板放缝。
2. 掌握女短袖衬衣服装 CAD 推板基础知识。
3. 学会女短袖衬衣样板放码。

★ 任务体验

1. 放缝操作步骤

（1）双击"RP-DGS"图标 ，进入设计与放码系统的工作界面。

（2）单击"打开"按钮 ，弹出"打开"对话框，选择上一步制作的制版文件，单击"打开"按钮。

（3）选择"文档"菜单中的"另存为"命令，弹出"保存为"对话框，在"文件名"文本框中输入"女短袖衬衣放缝 .PTN"，单击"保存"按钮。

（4）选择"加缝份"工具 ，将工作区内所有纸样统一加 1 cm 缝份，袖子下口缝份修改为 2 cm，如图 4-66、图 4-67 所示。

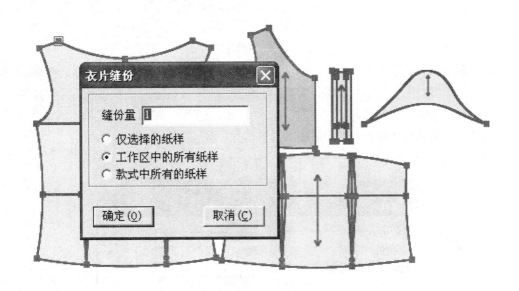

图 4-66　加缝份

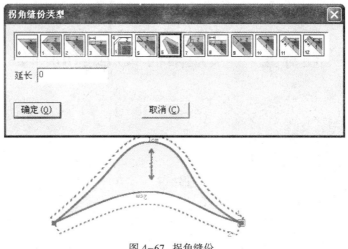

图 4-67　拐角缝份

（5）完成效果如图 4-68 所示。

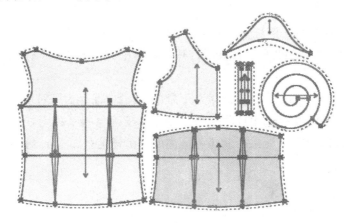

图 4-68　最终效果

（6）双击纸样列表栏里的衣片，弹出"纸样资料"对话框，输入纸样名称、布料、份数等资料，单击"应用"按钮。如果有需要，可单击"纸样资料"对话框按钮，这时会显示扩展菜单。在"定位"选项区勾选"左右"选项，单击"应用"按钮。依次单击其他衣片，在"纸样资料"对话框中输入资料，完成以后单击"关闭"按钮，如图 4-69 所示。

图 4-69　纸样资料

（7）存储。

2. 点放码操作步骤

（1）双击"RP-DGS"图标 ，进入设计与放码系统的工作界面。

（2）单击"打开"按钮，弹出"打开"对话框，选择上一步制作的放缝文件，单击"打开"按钮。

（3）选择"文档"菜单中的"另存为"命令，弹出"保存为"对话框，在"文件名"文本框中输入"女短袖衬衣放码.PTN"，单击"保存"按钮。

（4）选择"号型"菜单中的"号型编辑"命令，弹出"设置号型规格表"对话框。选择不同码的颜色，完成以后单击"确定"按钮。

（5）选择"点放码"工具 ，弹出"点放码表"对话框。选择"选择与修改"工具 ，单击衣片的后中点，按照放码参数图，在"点放码表"对话框中输入纵向 0.5 cm，单击"Y 相等"按钮。单击衣片的颈肩放码点，按照放码参数图，在"点放码表"对话框中输入纵向 0.5 cm、横向 0.5 cm，如图 4-70 所示。

（6）选择"选择与修改"工具 ，单击肩端点"点放码表"对话框，输入纵向 0.5 cm、横向 0.5 cm。单击后胸围点"点放码表"对话框，输入横向 1 cm，按"X 相等"按钮。单击后腰节点"点放码表"对话框，输入横向 1 cm、纵向 0.5 cm，按"XY 相等"按钮，单击后摆缝下摆线点"点放码表"对话框，输入横向 1 cm、纵向 1.5 cm，按"XY 相等"按钮，将衣片该部位放码显示，如图 4-71 所示。

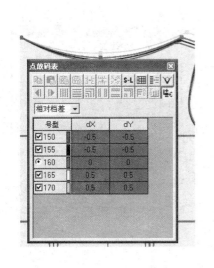

图 4-70　后中点放码

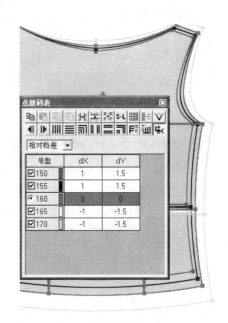

图 4-71　肩、腰下摆的放码

（7）选择"拷贝放码量"工具 ，把后片另一半复制完成，如图 4-72 所示。

（8）选择"拷贝放码量"工具 ，利用后片把前片的颈肩点、肩端点、前胸围复制完成，如图 4-73 所示。

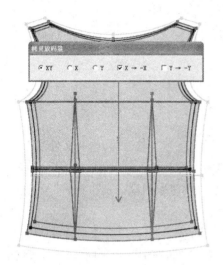

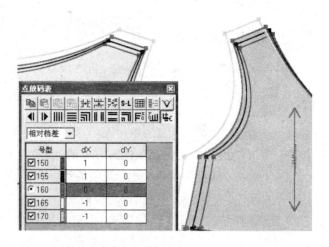

图 4-72 后片的放码　　　　　　　　　图 4-73 肩、胸的放码

（9）选择"选择与修改"工具 ▣ ，单击门襟顶点"点放码表"对话框，输入纵向
0.3 cm，按"Y 相等"按钮，如图 4-74 所示。

（10）选择"选择与修改"工具 ▣ ，单击前下衣摆缝上点"点放码表"对话框，横向输
入 1 cm。单击前胸围点"点放码表"对话框，输入横向 1 cm，按"X 相等"按钮。单击前腰
节点"点放码表"对话框，输入横向 1 cm，纵向 0.5 cm，按"XY 相等"按钮。单击前摆缝
下摆线点"点放码表"对话框，输入横向 1 cm，纵向 1.5 cm，按"XY 相等"按钮。将衣片
该部位放码显示，如图 4-75 所示。

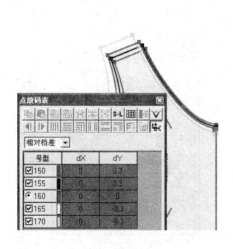

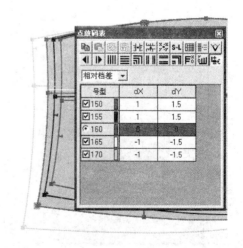

图 4-74 门襟放码　　　　　　　　　图 4-75 摆缝放码

（11）选择"拷贝放码量"工具 ▣ ，把前下部另一半拷贝完成，如图 4-76 所示。

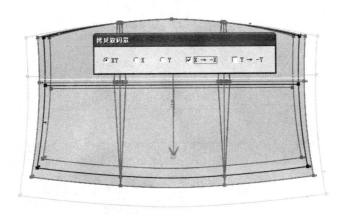

图4-76　前下片放码

（12）选择"选择与修改"工具，分别单击袖子4个放码点"点放码表"对话框，纵向输入0.5 cm，按"Y相等"按钮，如图4-77所示。

（13）选择"选择与修改"工具 ，分别单击饰边2个放码点"点放码表"对话框，纵向输入0.3 cm，按"Y相等"按钮，如图4-78所示。

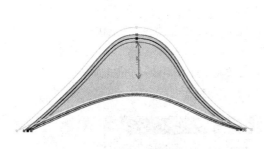

图4-77　袖的放码

图4-78　饰边放码

（14）放码完成完整图如图4-79所示。

图4-79　最终效果

（15）储存。

3. 自动排料操作步骤

（1）双击"RP-GMS"图标 ⬛ ，进入排版系统界面。

（2）选择"量度单位"工具 ✐ ，弹出"量度单位"对话框，设置相应的单位，如图 4-80 所示。

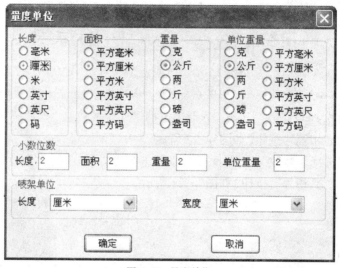

图 4-80　量度单位

（3）选择菜单"选项→在唛架上显示纸样"命令，在弹出的对话框中取消"件套颜色"选择的勾选，这样才能让每个码一个颜色，如图 4-81 所示。

图 4-81　唛架纸样

（4）单击"新建"按钮 📄 ,弹出"唛架设定"对话框,输入唛架长度、宽度及层数等数据,单击"确定"按钮,如图4-82所示。

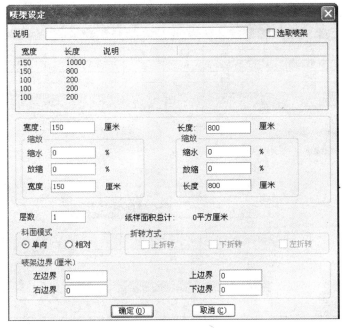

图4-82 唛架设定

（5）弹出"选取款式"对话框,单击"载入"按钮,如图4-83所示。

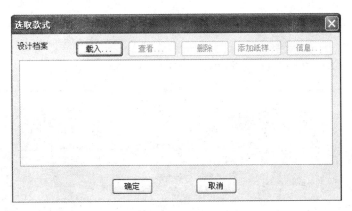

图4-83 选取款式

（6）弹出"纸样制单"对话框,勾选"置偶数样片为对称属性",这样在打板时,如果打的是左片,则自动生成右片,单击"确定"按钮,如图4-84所示。

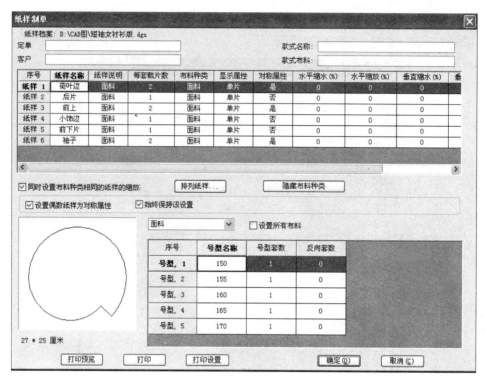

图 4-84 纸样制单

（7）选择"排料"菜单中的"自动排料设置"命令，单击"确定"后，显示排料图，如图 4-85 所示。

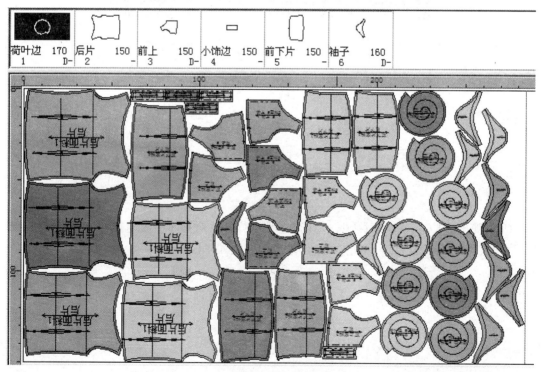

图 4-85 排料完成

（8）如果觉得不满意，可以手动调节，左键按住裁片拖住鼠标可任意摆放纸样的位置，按住右键拖选可使纸样之间的空隙减小。

（9）旋转方向时注意如果旋转限定按钮弹出来的话，单击右键可以90°旋转，如果凹进去的话，单击右键只能旋转180°。

（10）排料完成后单击"保存"按钮。

★ **项目练习**

1. 绘制女衬衣的样板。
2. 绘制女短袖衬衣的样板。
3. 绘制时尚女衬衣的样片、放码并1∶1打印输出。
4. 绘制时尚女短袖衬衣的样片、放码并1∶1打印输出。

项目五

女上装 CAD 工业制版

★ 项目目标

1. 掌握新原型制图的运用,使用绘图工具绘制女上装。
2. 熟练掌握"点放码"工具的操作,通过操作学会女上装放缝和放码。
3. 熟练女西服排料的方法。

★ 项目结构

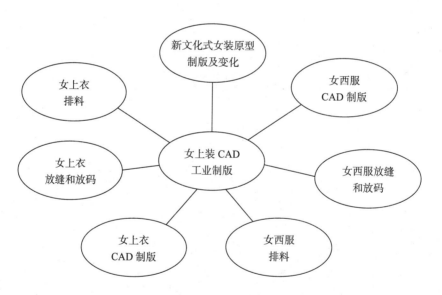

★ 项目描述

女上装是常用服装品种之一,款式多种多样,归纳起来有西服、风衣、大衣等。女装上衣的款式变化多端,本项目主要以日本第八代新文化原型进行女上装 CAD 制版,通过不同造型的上装 CAD 制版掌握女上装 CAD 制版规律和技巧。

★ 过程质量评定

女上装实训记录与成绩评定标准参照表5-1。

表5-1　　　　　　　**女上装实训记录与成绩评定**

内容	评分项目	评分要点	实训记录	分值	得分
CAD板型制作、放码（100分）	样板结构	1. 利用新原型结构设计正确、合理，符合服装款式造型要求，体现电脑纸样设计过程。 2. 线条流畅、规范。 3. 制图符号、对位标记标注正确、清晰，无遗漏。		35	
	样板规格	1. 成品规格尺寸与样衣相符。 2. 成品规格不超过行业标准的允许公差。		15	
	样板放缝	1. 放缝准确、均匀。 2. 转角处理准确、圆顺。 3. 衬料样板与面料样板配伍适宜，放缝准确、合理。		15	
	样板排料	1. 样板丝缕摆放准确。 2. 排料合理。 3. 面料、衬料用布适宜。		15	
	放码	1. 样板放码码数齐全、部件完整、线条缩放后走形符合软式造型要求。 2. 纱向、裁片数、对位记号标注齐全、准确无误。 3. 公共线确定合理，各部位档差标注明确。		20	

任务一 ◎ 新文化式女装原型制版及变化

★ 任务目标

1. 熟练使用"智能笔"等绘图工具。
2. 灵活应用相关工具、命令、菜单绘制相关部位。
3. 掌握"转移"工具的多种操作方法。

★ 任务分析

款式分析：日本第八代新原型，以成年女子上半身为原型，体型覆盖率较高，较广泛应用于企业和教学。结构图如图 5-1、图 5-2 所示。

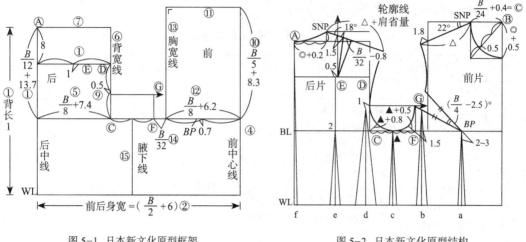

图 5-1 日本新文化原型框架　　　　　　　图 5-2 日本新文化原型结构

★ 任务体验

1. 前后片制版操作步骤

（1）单击菜单"号型→号型编辑"，在"设置号型规格表"中输入尺寸（此操作可有可无），如图 5-3 所示。

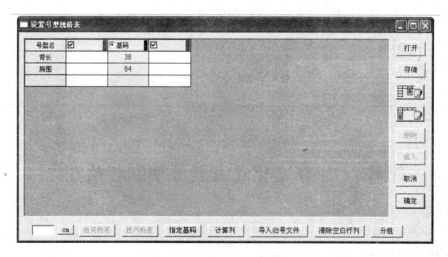

图 5-3 号型规格表

（2）选择"智能笔"工具 ⬚ 在空白处拖定出背长 38 cm、前后胸围为胸围 84/2（48 cm），如图 5-4 所示。

（3）选择"智能笔"工具 ⬚ 画出腰节线为胸围 /12+13.7（20.7 cm），如图 5-5 所示。

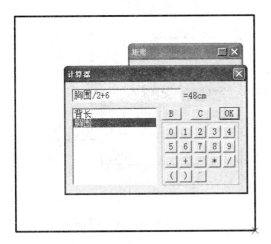

图5-4　胸围大

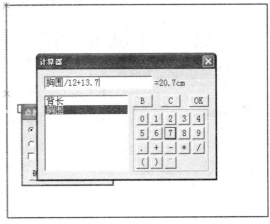

图5-5　后袖隆深

（4）用同样的方法画出背宽线为胸围/8+6.2（16.7 cm），前中心线为胸围/8+8.3（25.1 cm），如图5-6所示。

（5）选择"智能笔"工具 在背长线向下画8 cm，然后用"等分规"工具 ，按Enter键出现"移动量"对话框，输入1，点击"确定"按钮，如图5-7所示。

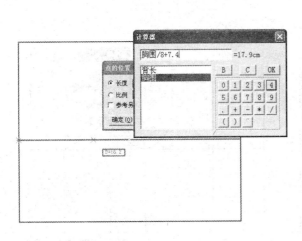

图5-6　后背宽线

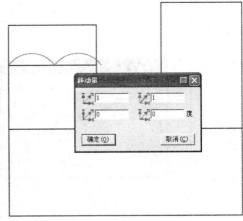

图5-7　背宽等分点

（6）选择"智能笔"工具 放在胸宽点上按Enter键，在对话框中输入 –（32/胸围），如图5-8所示。

（7）用"等分规"工具 等分胸宽线，然后按Enter键，出现"移动量"对话框，输入 –0.7。用同样方法画出背宽线、侧缝线，如图5-9所示。

119

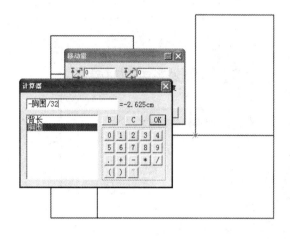
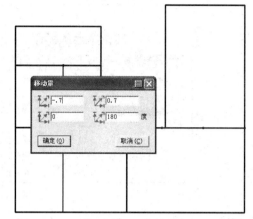

图 5-8 袖笼辅助线　　　　　　　　图 5-9 侧缝线

（8）选择"智能笔"工具 ✎ 放在前中心线，领宽为胸围 /24+3.4（6.9 cm），领深为领宽+0.5（7.4 cm），然后调整前后领圈和袖窿弧线，如图 5-10 所示。

（9）选择"角度线"工具 ✎ 放在肩线，角度为 22°，再选择"智能笔"工具 ✎ 按住 Shift 键和右键，延长 1.8 cm 画出前肩线。同样的方法画出后肩线，如图 5-11 所示。

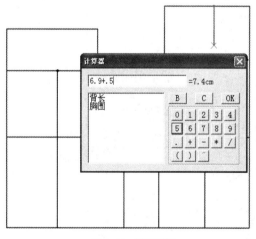
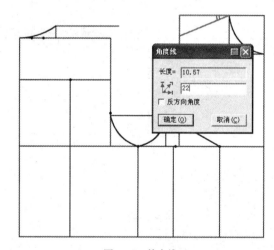

图 5-10 领宽领深　　　　　　　　图 5-11 前肩线

（10）选择"剪断线"工具 ✎ 剪断后肩线，选择"智能笔"工具 ✎ 放在背肩点上进行连接，如图 5-12 所示。

（11）选择"智能笔"工具 ✎ 放在后肩中心线，肩省大为胸围 /32-0.8（1.825 cm），如图 5-13 所示。

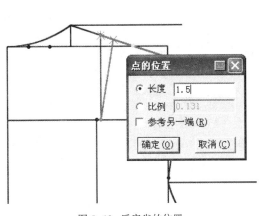

图 5-12　后肩省的位置　　　　　　　　　5-13　后肩省大

（12）选择"角度线"工具 🖊 放在胸斜线，角度为－胸围/4-2.5度（-18.5°），或反向选择，如图 5-14 所示。

（13）选择"智能笔"工具 🖊 放在后中心线 f 占总省量的 7%，如图 5-15 所示。

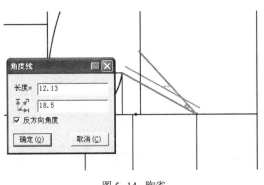

图 5-14　胸省　　　　　　　　　　　　图 5-15　后中心省

（14）用"等分规"工具 ▦ 找出 e 占总省量的 18%，d 占总省量的 35%，c 占总省量的 11%，b 占总省量的 15% ,a 占总省量的 14%，再选择"智能笔"工具 🖊 进行连线,如图 5-16 所示。

（15）完成效果如图 5-17 所示。

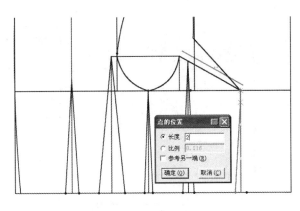

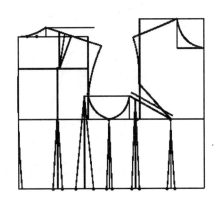

图 5-16　在腰节线的省　　　　　　　　图 5-17　最终效果

2.袖片制版操作步骤

（1）袖原型如图5-18所示。

（2）用"旋转"工具 将上半身原型的袖窿省闭合，以此时前后肩点的高度为依据在衣身原型的基础上绘制袖原型，如图5-19所示。

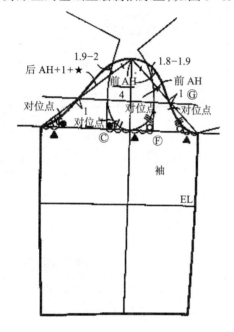

图5-18 袖原型结构

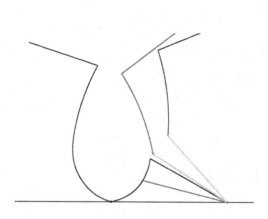

图5-19 袖窿省闭合

（3）用"等分规"工具 计算出前后肩点高度差的1/2位置点至BL线之间的高度，取5/6作为袖山高，如图5-20所示。

（4）选择"智能笔"工具 绘出袖长57 cm，EL为57/2+2.5（31 cm），如图5-21所示。

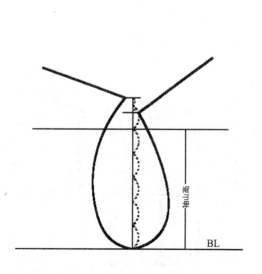

图5-20 袖山高取值

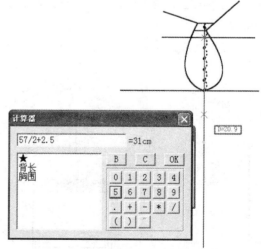

图5-21 袖肘线

（5）选择"圆规"工具 $\boxed{\text{A}}$ 画出前袖窿长等于 AH，后袖窿等于，如图 5-22 所示。

（6）选择"智能笔"工具 $\boxed{\text{∕}}$ 绘出袖山弧线，如图 5-23 所示。

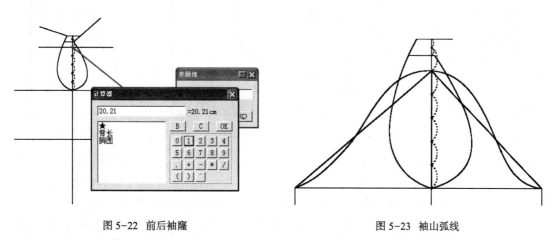

图 5-22　前后袖窿

图 5-23　袖山弧线

（7）最后完成效果如图 5-24 所示。

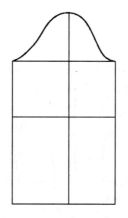

图 5-24　最终效果

3. 衣身的变化操作步骤

（1）框选所有转移的线，操作线变红，如图 5-25 所示。

（2）单击新省线（如果有多条新省线，可框选），新省线变蓝，再单击右键，如图 5-26 所示。

（3）单击一条线确定合并省的起始边，或单击关键点作为转省的旋转圆心，如图 5-27 所示。

（4）合并省的另一边，如图 5-28 所示。

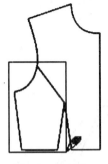

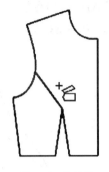

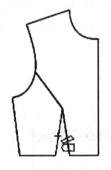

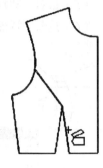

图 5-25 省转移 1　　　　　图 5-26 省转移 2　　　　　图 5-27 省转移 3　　　　　图 5-28 省转移 4

"转省"工具 用于将结构线上的省作转移。可同心转省,也可以不同心转,可全部转移也可以部分转移,也可以等分转省,转省后新省尖可在原位置也可以不在原位置。适用于在结构线上的转省。全部转省:单击合并省的另一边(用左键单击另一边,转省后两省长相等,如果用右键单击另一边,则新省尖位置不会改变);部分转省:按住 Ctrl 键,单击合并省的另一边(用左键单击另一边,转省后两省长相等,如果用右键单击另一边,则新省尖位置不会改变);等分转省:输入数字为等分转省,再击合并省的另一边(用左键单击另一边,转省后两省长相等,如果用右键单击另一边,则不修改省尖位置)。如图 5-29 所示。

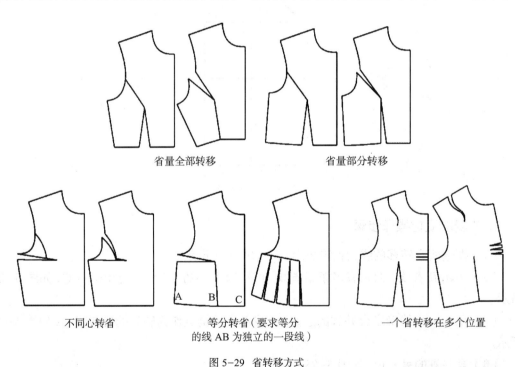

省量全部转移　　　　　　　　　　省量部分转移

不同心转省　　　　　等分转省(要求等分　　　　一个省转移在多个位置
　　　　　　　　　　的线 AB 为独立的一段线)

图 5-29 省转移方式

4. 袖型变化操作步骤

(1)用"插入省褶"工具 绘制袖的变化

① 有展开线操作:用该工具框选插入省的线,击右键(如果插入省的线只有一条,也可以单击);框选或单击省线或褶线,击右键,弹出"指定线的省展开"对话框;在对话框中输

入省量或褶量,选择需要的处理方式,确定即可,如图 5-30、图 5-31 所示。

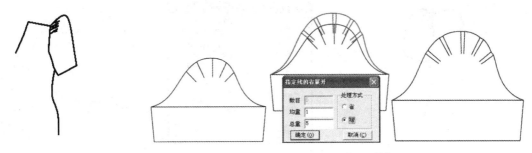

图 5-30　袖型 1 款式　　　　　　　　　　　　　　图 5-31　袖型 1 结构

　　② 无展开线的操作:用该工具框选插入省的线,击右键两次,弹出"指定段的省展开"对话框(如果插入省的线只有一条,也可以单击左键再单击右键,弹出"指定段的省展开"对话框);在对话框中输入省量或褶量、省褶长度等,选择需要的处理方式,确定即可,如图5-32 所示。

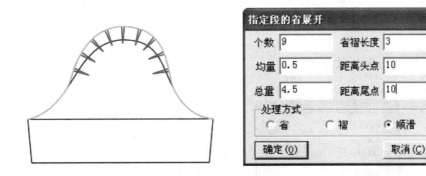

图 5-32　无展开线的结构

　(2)用"褶展开"工具 ▰ 绘制袖的变化

　① 用该工具单击或框选操作线,按右键结束。

　② 单击上段线,如有多条则框选并按右键结束(操作时要靠近固定的一侧,系统会有提示)。

　③ 单击下段线,如有多条则框选并按右键结束(操作时要靠近固定的一侧,系统会有提示)。

　④ 单击或框选展开线,击右键,弹出"刀褶 / 工字褶展开"对话框(可以不选择展开线,需要在对话框中输入插入褶的数量)。

　⑤ 在弹出的对话框中输入数据,按"确定"键结束。整个操作过程如图 5-33 至图5-37 所示。

125

图 5-33 袖型 2 款式　　　　　　　　　　图 5-34 步骤

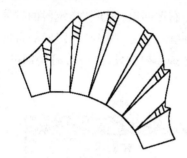

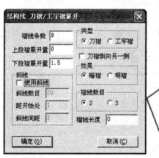

图 5-35　袖型 2 最终效果　　　　　　　　图 5-36　袖型 3 款式

图 5-37　袖型 3 最终效果

（3）用"分割、展开、去除余量"工具 🔛 绘制袖子

① 用该工具框选（或单击）所有操作线，击右键。

② 单击不伸缩线（如果有多条框选后击右键）。

③ 单击伸缩线（如果有多条框选后击右键）。

④ 如果有分割线，单击或框选分割线，单击右键确定固定侧，弹出"单向展开或去除余量"对话框（如果没有分割线，单击右键确定固定侧，弹出"单向展开或去除余量"对话框）。

⑤ 输入恰当数据，选择合适的选项，确定即可。整个操作过程如图 5-38 至图 5-43 所示。

图 5-38　袖型 4 款式

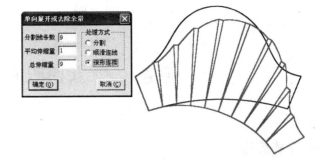

图 5-39　步骤

图 5-40　袖型 4 最终效果

图 5-41　袖型 5 款式

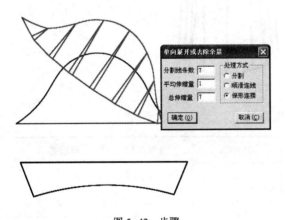

图 5-42　步骤

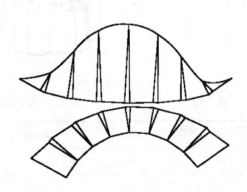

图 5-43　袖型 5 最终效果

任务二 ◎ 女西服 CAD 制版

★ 任务目标

1.熟练使用"智能笔"工具的多种操作方法。

2.灵活应用相关工具、命令、菜单绘制相关部位。

3.掌握对称调整工具的操作方法。

★ 任务分析

款式分析:女西服平驳领,适体型,弧形分割线,两粒扣,圆装袖,嵌线挖袋,如图5-44所示。女西服规格尺寸参照表5-2。

图5-44 女西服款式

表5-2 女西服规格尺寸

部位 \ 号型	155/80	160/84	165/88	170/92	档差
衣长	64	66	68	70	2
胸围	90	94	98	102	4
肩宽	38	39	40	41	1
摆围	94	98	102	106	4
袖长	55.5	57	58.5	60	1.5
袖口	24	25	26	27	1
腰围	74	78	82	86	4
袖弧线长	45	47	49	51	2

★ 任务体验

1. 前后片制版操作步骤

（1）单击菜单"号型→号型编辑"，在设置号型规格表中输入尺寸（此操作可有可无），号型参照表 5-2 输入。

（2）运用女原型制版的知识，结合以上尺寸绘制出框架图，如图 5-45 所示。

（3）选择"智能笔"工具 ✎ 画出，在腰节线上按下 Enter 键，在对话框内水平方向输入 -1.5，单击"确定"即可，如图 5-46 所示。

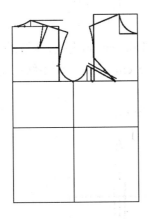

图 5-45 框架

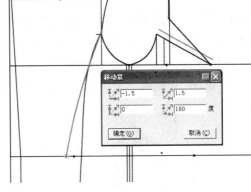

图 5-46 腰节线

（4）选择"智能笔"工具 ✎ 画出另一边弧线，然后把两弧线调整圆顺，如图 5-47 所示。

（5）选择"旋转"工具 ⟳ 旋转肩省，宽度为 1 cm，其他作为松量，如图 5-58 所示。

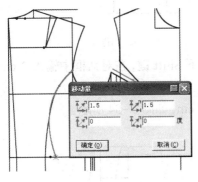

图 5-47 腰节线

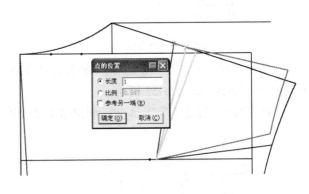

图 5-48 肩省

（6）选择"智能笔"工具 ✎ 画出侧缝线，胸围线偏进 0.5 cm 画垂线，腰节线偏进 1.6 cm，摆围处偏出 0.5 cm，然后把线调整圆顺，符合人体曲线，如图 5-49 所示。

（7）选择"旋转"工具 ⟳ 旋转胸省（也可用转省工具），宽度为 2.5 cm，其他作为松量，如图 5-50 所示。

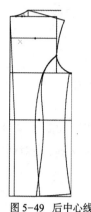

图 5-49 后中心线

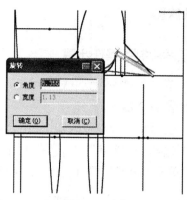

图 5-50 胸省

（8）选择"智能笔"工具 ☑ 画出侧缝线，胸围线偏进 0.5 cm 画垂线，腰节进 1.6 cm 摆围处偏出 0.5 cm，中间的腰节宽为 2.5 cm，下摆围偏出 1.5 cm，然后把两条线调整圆顺，如图 5-51 所示。

（9）选择"智能笔"工具 ☑ 画出门襟线，如图 5-52 所示。

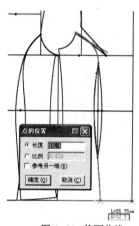

图 5-51 前腰节线

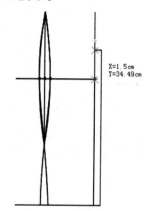

图 5-52 门襟线

（10）选择"智能笔"工具 ☑，单击右键并同时按下 Shift 键，在对话框中输入 2 cm，然后画出翻折线，如图 5-53 所示。

（11）选择"智能笔"工具 ☑，画出驳头宽宽度为 7 cm，如图 5-54 所示。

图 5-53 翻折线

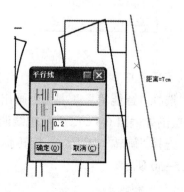

图 5-54 驳头宽

（12）选择"圆规"工具 ，画出驳头外轮廓，如图5-55所示。

（13）选择"智能笔"工具 ，延长翻折线，长度为后领圈长，如图5-56所示。

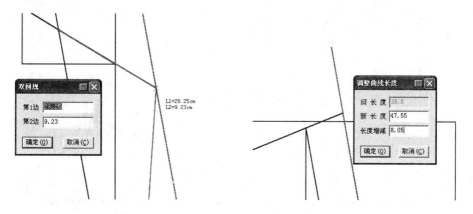

图 5-55　驳头轮廓　　　　　　　　　　　　　　图 5-56　调整翻折线

（14）选择"智能笔"工具 ，画出翻折线的平行线，如图5-57。

（15）使用"三角板"工具 ，画出翻领松度和后领中线，宽度为7cm，如图5-58所示。

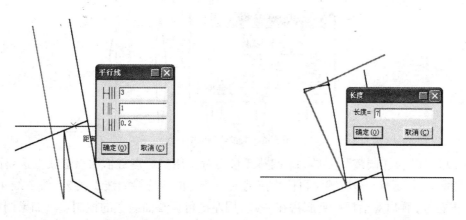

图 5-57　翻折线的平行线　　　　　　　　　　　　图 5-58　后领中线

（16）使用"圆规"工具 ，画出缺嘴，然后用"智能笔"画出领外围线，如图5-59所示。

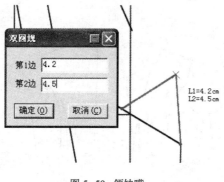

图 5-59　领缺嘴

（17）选择"对称调整"工具 ，调整驳头和领线，如图5-60、图5-61所示。

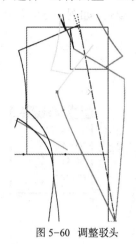

图5-60 调整驳头

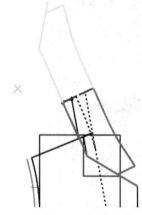

图5-61 调整驳领

（18）选择"智能笔"工具 ，画出胸宽线的延长线，延长至腰围线下7 cm，向前2.5 cm为中心，定出袋位，如图5-62所示。

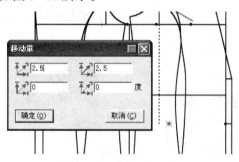

图5-62 袋的绘制的中心点

（19）用"合并调整"工具 调整弧形刀背。用鼠标左键依次点选或框选要圆顺处理的曲线a、b、c、d，击右键。再依次点选或框选与曲线连接的线1线2、线3线4、线5线6，击右键，弹出对话框。夹圈拼在一起，用左键可调整曲线上的控制点。如果调整公共点按Shift键，则该点在水平垂直方向移动。调整满意后，击右键。操作过程如图5-63、图5-64所示。

（20）选择"矩形"工具 ，画出袋宽4.5 cm，长为13 cm，单击"确定"，如图5-65所示。

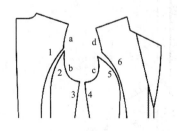

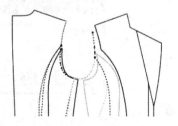

图5-63 调整弧形刀背线

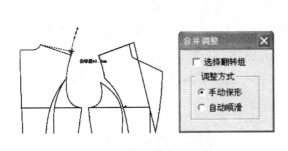

图 5-64　调整袖窿弧线

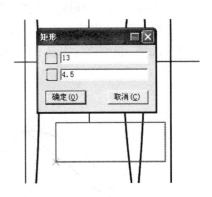

图 5-65　袋的绘制 1

（21）选择"调选"工具 ，按 Ctrl 键，框选后袋位，出现对话框，在竖直方向上输入 0.5 cm，单击"确定"，如图 5-66 所示。

（22）选择"圆角"工具 ，把袋角调整圆顺，单击"确定"，如图 5-67 所示。

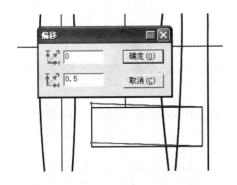

图 5-66　袋的绘制 2

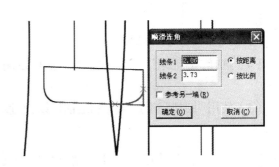

图 5-67　袋最终效果

2.袖子制版操作步骤

（1）选择"比较长度"工具 ，分别点击前后袖笼弧线，测量出前长度尺寸，单击"确定"，如图 5-68 所示。

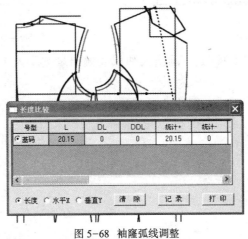

图 5-68　袖窿弧线调整

（2）选择"加入/调整工艺图片"工具 ▦ 把原型袖调出来，用"等分规"工具 ⟼ 把袖两等分，然后用"对称"工具 ⚠ 对称出袖底弧线，如图 5-69 所示。

（3）选择"智能笔"工具 ✎，画出偏袖线宽度 3 cm，单击"确定"，如图 5-70 所示。

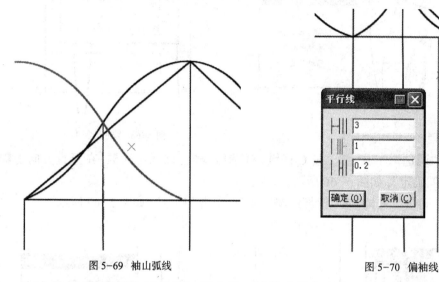

图 5-69　袖山弧线　　　　　　　　　　　图 5-70　偏袖线

（4）选择"智能笔"工具 ✎，画出袖口线偏出量宽度为 1 cm，单击"确定"，如图 5-71 所示。

（5）使用"圆规"工具 🅰，画出袖口线，长度为 12.5 cm，单击"确定"，如图 5-72 所示。

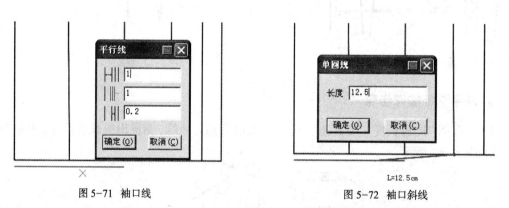

图 5-71　袖口线　　　　　　　　　　　　图 5-72　袖口斜线

（6）选择"智能笔"工具 ✎，画出大袖低线偏出量宽度为 1 cm，单击"确定"，如图 5-73 所示。

（7）选择"移动"工具 ▦，画出小袖低线，同样的方法画出外偏袖线，如图 5-74、图 5-75 所示。

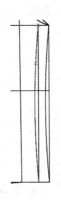

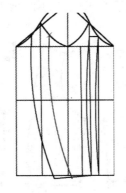

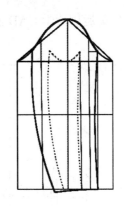

图 5-73 偏袖线 　　　　　图 5-74 外偏袖线 　　　　　图 5-75 小袖

（8）完成结构图，如图 5-76 所示。

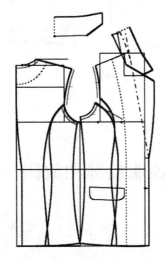

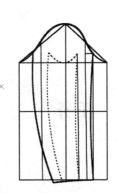

图 5-76 最终结构

（9）运用所学 CAD 制图方法拾取衣片，如图 5-77 所示。

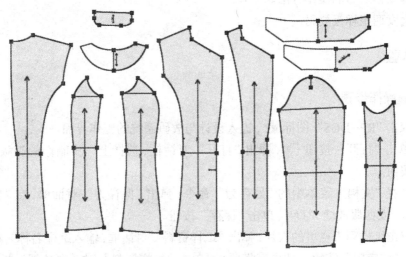

图 5-77 拾取衣片（面料）

（10）运用所学 CAD 制图方法绘制出里布，用"剪刀"工具 ✂ 拾取衣片，如图 5-78 所示。

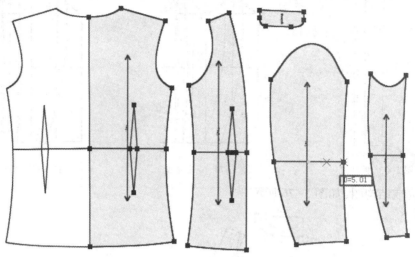

图 5-78 拾取裁片（里料）

（11）存储。

任务三 ▶ 女西服放缝和放码

★ 任务目标

1. 熟练女西服样板放缝。
2. 掌握女西服服装 CAD 推板基础知识。
3. 掌握女袖对刀的操作方法。
4. 学会女西服样板放码。

★ 任务体验

1. 放缝操作步骤

（1）双击"RP-DGS"图标 📖，进入设计与放码系统的工作界面。

（2）单击"打开"按钮 📄，弹出"打开"对话框，选择上一步制作的制版文件，单击"打开"按钮。

（3）选择"文档"菜单中的"另存为"命令，弹出"保存为"对话框，在"文件名"文本框中输入"女西服放缝.PTN"，单击"保存"按钮。

（4）双击纸样列表栏里的衣片，弹出"纸样资料"对话框，输入纸样名称、布料、份数等资料，单击"应用"按钮。如果有需要，可单击"纸样资料"对话框按钮，这时会显示扩展菜单。在"定位"选项区勾选"左右"选项,单击"应用"按钮。依次单击其他衣片,在"纸样资料"对话框中输入资料,完成以后单击"关闭"按钮。

（5）选择"加缝份"工具 ，将工作区内所有纸样统一加1 cm缝份,然后将前片、前侧、后片、后侧、大袖、小袖下口缝份修改为4 cm;同时前片与前侧、后片与后侧、大袖拼缝起点处修改为直角形。

（6）选择"加缝份"工具 ，将工作区内所有里子纸样统一加1.5 cm缝份,然后将前片、前侧、后片、后侧、大袖、小袖下口缝份修改为2 cm;同时前片与前侧、后片与后侧、大袖拼缝起点处修改为直角形。

（7）完成效果如图5-79所示。

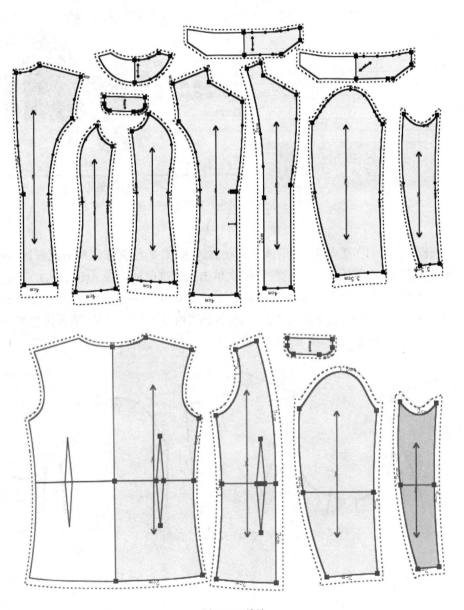

图5-79　放缝

2. 点放码操作步骤

（1）双击"RP-DGS"图标 ，进入设计与放码系统的工作界面。

（2）单击"打开"按钮，弹出"打开"对话框，选择上一步制作的放缝文件，单击"打开"按钮。

（3）选择"文档"菜单中的"另存为"命令，弹出"保存为"对话框，在"文件名"文本框中输入"女西服放码 .PTN"，单击"保存"按钮。

（4）选择"号型"菜单中的"号型编辑"命令，弹出"设置号型规格表"对话框。选择不同码的颜色，完成以后单击"确定"按钮。如图 5-80 所示。

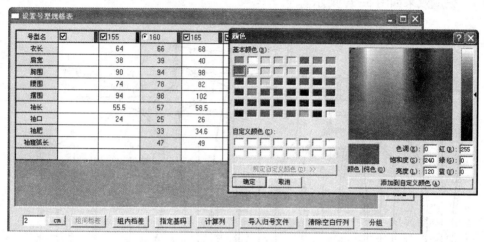

图 5-80　号型规格表

（5）选择"袖对刀"工具 ，用该工具在靠近 A、C 的位置依次单击或框选前袖笼线 AB、CD，单击右键；在靠近 A_1、C_1 的位置依次单击或框选前袖山线 A_1B_1、C_1D_1，单击右键；在靠近 E、G 的位置依次单击或框选后袖笼线 EF、GH，单击右键；在靠近 A_1、F_1 的位置依次单击或框选后袖山线 A_1E_1、F_1D_1，单击右键，弹出"袖对刀"对话框；输入恰当的数据，单击"确定"即可。如图 5-81、图 5-82 所示。

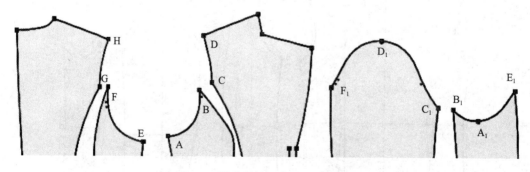

图 5-81　前、后袖笼线及前、后袖山线

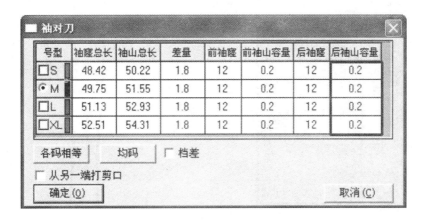

图 5-82 袖对刀对话框

（6）按 F4 隐藏缝份量和 Ctrl+K 隐藏非放码点。选择"点放码"工具 ▣ ，弹出"点放码表"对话框。选择"选择与修改"工具 ▣ ，单击衣片的颈肩点，按放码参数图，在"点放码表"对话框中输入纵向 0.67 cm、横向 0.2 cm，单击"XY 相等"按钮，后中心点纵向放0.67 cm，将衣片该部位放码显示，如图 5-83 所示。

（7）选择"选择与修改"工具 ▣ ，单击衣片的肩放码点，按放码参数图，在"点放码表"对话框中输入纵向 0.67 cm、横向 0.2 cm。单击肩端点"点放码表"对话框，输入纵向0.47 cm、横向 0.5 cm。单击背宽点"点放码表"对话框，输入纵向 0.23 cm、横向 0.67 cm，单击"XY 相等"按钮，将衣片该部位放码显示，如图 5-84 所示。

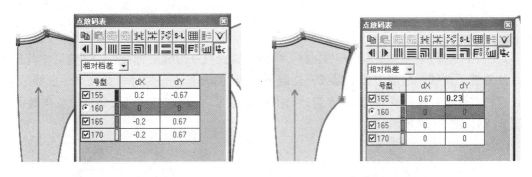

图 5-83 后领圈放码　　　　　　　　图 5-84 肩放码

（8）选择"选择与修改"工具 ▣ ，单击衣片的后胸围点、后背长，按放码参数图，在"点放码表"对话框中输入纵向 0.33 cm、横向 0.33 cm。单击后中背长点、后中下摆线"点放码表"对话框，输入纵向 0.33 cm 和 1.33 cm，单击"Y 相等"按钮。单击刀缝下摆线"点放码表"对话框，输入纵向 1.33 cm、横向 0.33 cm，单击"XY 相等"按钮，将衣片该部位放码显示，如图 5-85、图 5-86 所示。

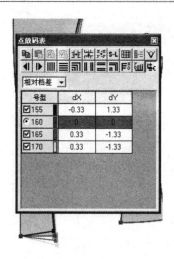

图 5-85 后胸围点

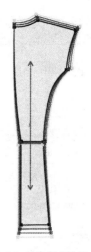

图 5-86 最终完成效果

（9）选择"选择与修改"工具 ▣，单击衣片的刀缝顶点、刀缝背点，按放码参数图，在"点放码表"对话框中输入纵向 0.2 cm、横向 0.33 cm，分别按"Y 相等"和"X 相等"按钮，将衣片该部位放码显示，如图 5-87 所示。

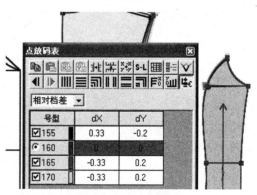

图 5-87 刀背缝放码

（10）选择"拷贝放码量"工具 ▦，单击后背长点—刀缝中背长点—摆缝后中背长点、后片刀缝下摆线—后侧刀缝下摆线—摆缝下摆线，后背长点—刀缝中背长点—摆缝后中背长点将衣片进行拷贝复制，如果有错，可用 X 取反，Y 取反或 XY 取反，该部位放码显示，如图 5-88、图 5-89 所示。

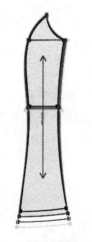

图 5-88 后分割片最终效果

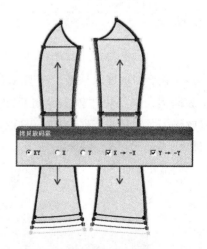

图 5-89 前后分割片的放码

（11）选择"选择与修改"工具，单击衣片的颈肩点、肩端点，驳头顶点胸宽点按放码参数图，在"点放码表"对话框中纵向分别输入0.67 cm、0.67 cm、0.47 cm、0.23 cm，横向分别输入0.2 cm、0.5 cm、0、0.67 cm，分别按"XY相等"按钮，将衣片该部位放码显示，如图5-90所示。

（12）选择"拷贝放码量"工具，将挂面和衣片进行拷贝复制，如果有错，可以用X取反，Y取反或XY取反，该部位放码显示，如图5-91所示。

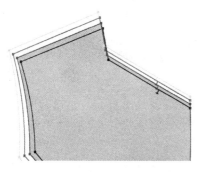

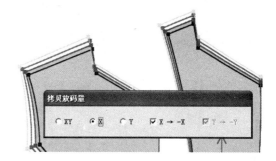

图5-90　前上部放码　　　　　　　　　　图5-91　挂面放码

（13）选择"选择与修改"工具，单击衣片的袖山深点、后袖山高点，在"点放码表"对话框中纵向分别输入0.47 cm、0.3 cm，横向分别输入0.33 cm、0.67 cm，分别按"XY相等"按钮，袖肥在"点放码表"对话框中将衣片该部位放码显示横向输入0.67 cm，按"X相等"按钮，如图5-92所示。

（14）选择"选择与修改"工具，单击衣片的外侧的袖中线点、袖口点，在"点放码表"对话框中纵向分别输入0.5 cm、1.03 cm，横向分别输入0.5 cm、0.5 cm，分别按"XY相等"按钮，里侧的袖中线点、袖口点，在"点放码表"对话框中将衣片该部位放码显示纵向分别输入0.5 cm、1.03 cm，按"Y相等"按钮，如图5-93所示。

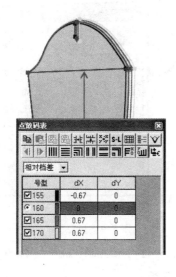

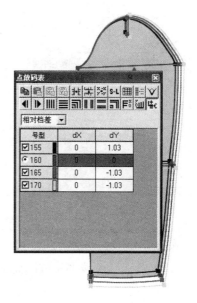

图5-92　外袖线放码　　　　　　　　　　图5-93　袖口放码

（15）选择"拷贝放码量"工具 ，将大袖和小袖进行拷贝复制，如果有错，可以用 X 取反，Y 取反或 XY 取反，该部位放码显示，如图 5-94 所示。

（16）选择"拷贝放码量"工具 ，将后片和后领贴进行拷贝复制，如果有错，可以用 X 取反，Y 取反或 XY 取反，该部位放码显示，如图 5-95 所示。

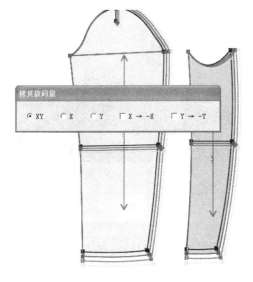

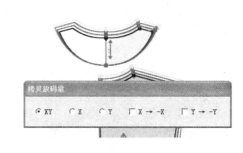

图 5-94　小袖放码　　　　　　　　　　　　　　　　图 5-95　后领贴放码

（17）选择"选择与修改"工具 ，单击框选后领中心线，在"点放码表"对话框中横向分别输入 0.5 cm，分别按"X 相等"按钮，如图 5-96 所示。

（18）选择"选择与修改"工具 ，单击或框选袋盖的两个点，在"点放码表"对话框中横向分别输入 0.5 cm，分别按"X 相等"按钮，如图 5-97 所示。

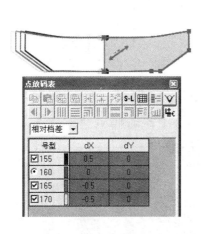

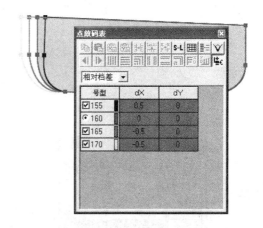

图 5-96　领的放码　　　　　　　　　　　　　　　　图 5-97　口袋放码

（19）选择"拷贝放码量"工具 ，将前片和钮眼进行拷贝复制，如果有错，可以用 X 取反，Y 取反或 XY 取反，该部位放码显示，如图 5-98 所示。

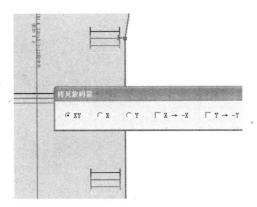

图 5-98　眼位放码

（20）放码完成图如图 5-99 所示。

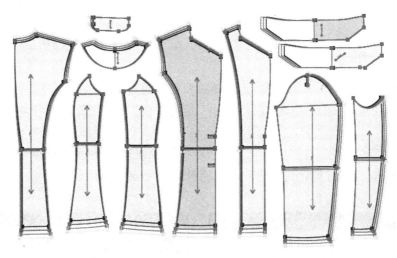

图 5-99　面料放码

（21）里子的放码可结合面子来完成，这里不再赘述，完整图如图 5-100 所示。

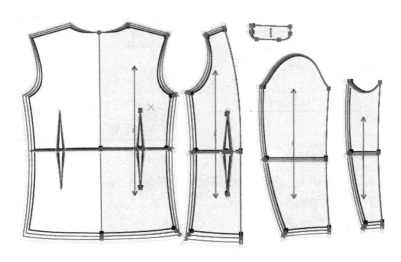

图 5-100　里子放码完成

（22）储存。

任务四 ▶ 女西服排料

★ 任务目标

1.掌握女西服服装 CAD 排料基础应用知识。

2.熟练使用服装排料工具,学会自动排料、手动排料。

3.灵活运用排料工具进行排料。

★ 任务体验

自动排料操作

（1）双击"RP-GMS"图标 ,进入排版系统界面。

（2）选择"量度单位"工具 ,弹出"量度单位"对话框,设置相应的单位,如图 5-101 所示。

（3）在菜单栏中"选项→在唛架上显示纸样"命令,在弹出的对话框中取消"件套颜色"选择的勾选,这样才能让每个码一个颜色,如图 5-102 所示。

图 5-101 量度单位

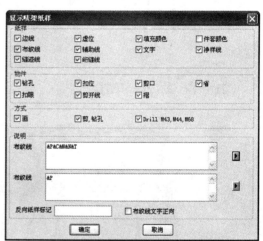

图 5-102 唛架纸样

（4）单击"新建"按钮 ,弹出"唛架设定"对话框,输入唛架长度、宽度及层数等数据,单击"确定"按钮,如图 5-103 所示。

（5）弹出"选取款式"对话框,单击"载入"按钮,如图 5-104 所示。

图 5-103 唛架设定

图 5-104 选取款式

（6）弹出"纸样制单"对话框，勾选"置偶数样片为对称属性"，这样我们在打板时，如果打的是左片，则自动生成右片。单击"确定"按钮，如图 5-105 所示。

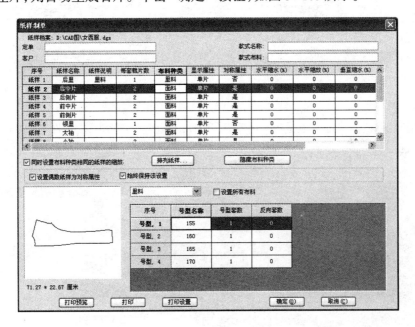

图 5-105 纸样制单

（7）选择"排料"菜单中的"自动排料设置"命令，选择"精细"对话框，单击"确定"按钮，如图 5-106 所示。

（8）单击"确定"后，弹出"排料结果"对话框，如图 5-107 所示。

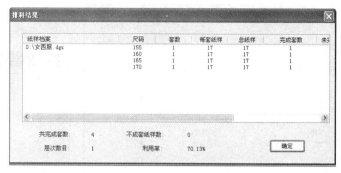

图 5-106 自动排料　　　　　　　　　　　　　　图 5-107 排料结果

（9）单击"确定"后，显示面料排料图，如图 5-108 所示。

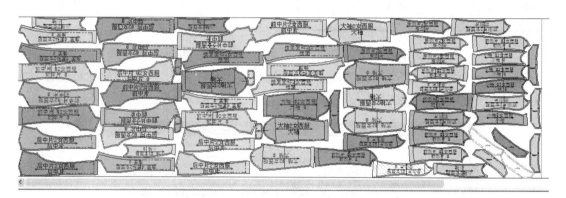

图 5-108 面料排料

（10）在菜单栏的"布料工具夹"中选择里料，显示里料排料图，如图 5-109 所示。

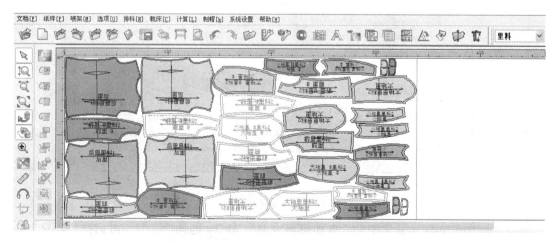

图 5-109 里料排料

（11）如果觉得不满意可以手动调节，左键按住裁片拖住鼠标可任意摆放纸样的位置，按住右键拖选可使纸样之间的空隙减小。

（12）注意如果旋转限定按钮弹出来的话，单击右键可以 90° 旋转，如果凹进去的话，单击右键只能旋转 180°。

（13）排料完成后单击"保存"按钮。

<h1 style="text-align:center">任务五 ◎ 女上衣 CAD 制版</h1>

★ 任务目标

1. 熟练使用"智能笔"工具。
2. 灵活应用相关工具、命令、菜单绘制相关部位。
3. 掌握"对称调整"工具的多种操作方法。

★ 任务分析

款式分析:女西服领变化款,宽松型,三粒扣,一片袖,有明袋。如图 5-110 所示。女上衣的规格尺寸参照表 5-3。

图 5-110　女上衣款式

表 5-3 **女上衣规格尺寸**

部位	衣长	领围	肩宽	胸围	腰围	袖长
规格	60	36	39	92	78	40

★ 任务体验

操作步骤

（1）选择菜单"号型"中的"号型编辑"命令,弹出"设置号型规格表"对话框。单击第一列的空格,输入胸围、腰围、衣长等,在"基码"下输入数值,单击"确定"按钮。如图 5-111 所示。

图 5-111 号型规格表

（2）选择"矩形"工具 ■，在左工作区单击，斜向拉出矩形再单击，弹出"矩形"对话框。"长度"输入衣长数据 60，单击"宽度"，再单击对话框右上角的"计算器"按钮，弹出"计算器"对话框。双击列表中的"胸围"，输入公式，"="后面会自动计算出结果。单击"计算器"对话框的按钮，再单击"矩形"对话框的"确认"按钮，如图 5-112 所示。

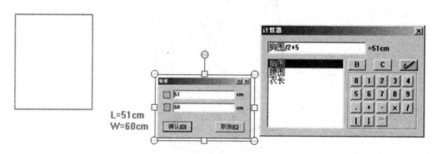

图 5-112 框架图 1

（3）选择"智能笔"工具 ✐，移动鼠标指针靠近左边的后中线，当竖线变红并且上端点变亮时单击，弹出"点的位置"对话框。选择"长度"选项，单击对话框右上角的"计算器"按钮，弹出"计算器"对话框。双击左边列表中的"胸围"，输入公式，"="后面会自动计算出结果。单击"计算器"对话框的 ✐ 按钮，再单击"点的位置"对话框的"确认"按钮，如图 5-113 所示。

（4）移动鼠标指针形成水平线，在右边的前中线单击，即画好胸围线。如图 5-114 所示。

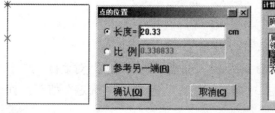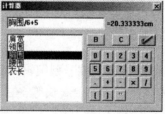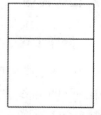

图 5-113 框架图 2　　　　　　　　　　　　图 5-114 框架图 3

（5）使用"智能笔"工具 ，移动鼠标指针靠近胸围线，当胸围线变红并且左端点变亮单击，弹出"点的位置"对话框的。选择"长度"选项，单击对话框右上角的"计算器"按钮，弹出"计算器"对话框。双击左边列表中的"胸围"，输入公式，"="后面会自动计算出结果。单击"计算器"对话框的 按钮，再单击"点的位置"对话框的"确认"按钮，如图5-115所示。

（6）移动鼠标指针形成竖线，在上平线单击，画好背宽线。

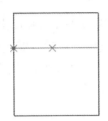
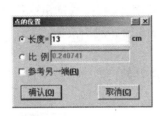
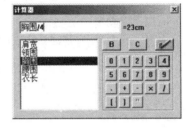

图5-115　框架图4

（7）移动鼠标指针形成竖线，在上平线单击，即画好胸宽线。如图5-116所示。

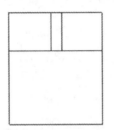

图5-116　框架图5

（8）选择"点"工具 ，移动鼠标靠近上平线，当上平线变红并且左端点变亮时单击，弹出"点的位置"对话框。选择"长度"选项，单击对话框右上角的"计算器"按钮，弹出"计算器"对话框。双击左边列表中的"胸围"，输入公式，"="后面会自动计算出结果。单击"计算器"对话框的 按钮，再单击"点的位置"对话框的"确认"按钮，即画好后横开领点。如图5-117所示。

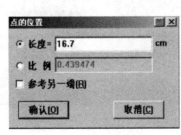
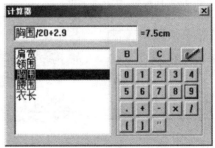

图5-117　框架图6

（9）选择"皮尺/测量长度"工具 ，分别单击上平线左端点，后横开领点，弹出"测量长度"对话框。显示测量结果，单击"记录"按钮，计算机会自动用一个符号标记在测量位，如图5-118所示。

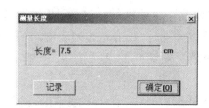

图 5-118 框架图 7

（10）选择"智能笔"工具 ，单击后横开领点，移动鼠标指针形成竖线后再单击，弹出选择"长度"选项，单击对话框右上角的"计算器"按钮，弹出"计算器"对话框。双击左边列表中的后横开领代号，输入公式，"="后面会自动计算出结果。单击"计算器"对话框的 按钮，两个对话框消失，即画好后横开领。如图 5-119 所示。

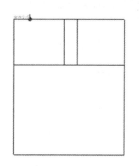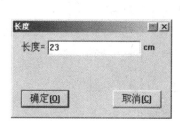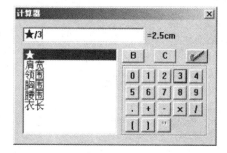

图 5-119 框架图 8

（11）使用"智能笔"工具 ，移动鼠标指针靠近背宽线，当背宽线变红并且上端点变亮时单击，弹出"点的位置"对话框。选择"长度"选项，单击对话框右上角的"计算器"按钮，弹出"计算器"对话框。双击左边列表中的后横开领代号，输入公式，"="后面会自动计算出结果。单击"计算器"对话框的 按钮，再单击"点的位置"对话框的"确认"按钮，如图 5-120 所示。

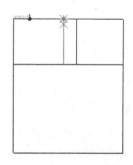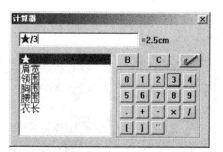

图 5-120 框架图 9

（12）移动鼠标水平线后单击，弹出"长度"对话框，输入数据，单击"确定"按钮，即画出后肩端点。如图 5-121 所示。

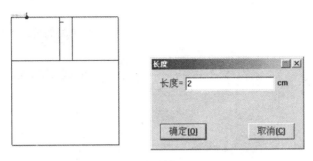

图 5-121　框架图 10

（13）使用"智能笔"工具 ，移动鼠标指针靠近背宽线，当背宽线变红并且上端点变亮时单击，弹出"点的位置"对话框。选择"长度"选项，单击对话框右上角的"计算器"按钮，弹出"计算器"对话框。双击左边列表中后横开领代号，输入公式，"="后面会自动计算出结果。单击"计算器"对话框的 按钮，再单击"点的位置"对话框的"确认"按钮，如图 5-122 所示。

图 5-122　框架图 11

（14）移动鼠标水平线后单击，弹出"长度"对话框，输入数据，单击"确定"按钮，即画出前落肩线。如图 5-123 所示。

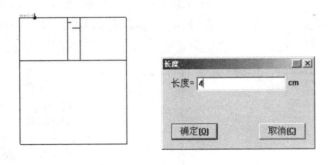

图 5-123　框架图 12

（15）使用"智能笔"工具 ，移动鼠标指针靠近上平线，当上平线变红并且变亮时弹出"点的位置"对话框。选择"长度"选项，单击对话框右上角的"计算器"按钮，弹出"计算器"对话框。双击左边列表中后横开领代号，输入公式，"="后面会自动计算出结果。单击"计算器"对话框的按钮，再单击"点的位置"对话框的"确认"按钮，如图 5-124 所示。

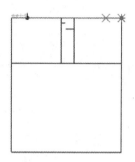 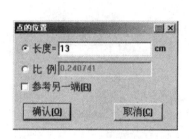 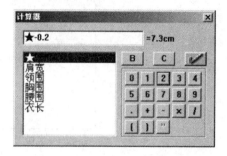

图 5-124 框架图 13

（16）向下移动鼠标，指针形成竖线后再单击，弹出"长度"对话框。单击对话框右上角的"计算器"按钮，弹出"计算器"对话框。双击左边列表中后横开领代号，输入公式，"="后面会自动计算出结果。单击"计算器"对话框的 ▨ 按钮，两个对话框消失，即画好前直开领。如图 5-125 所示。

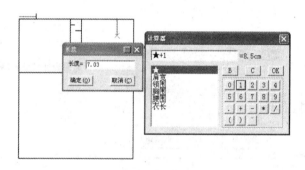

图 5-125 框架图 14

（17）继续使用"智能笔"工具 ✎ ，单击前直开领下端点，移动鼠标指针形成水平线，单击前中线，即画好前横开领，如图 5-126 所示。

（18）选择"点"工具 ▪ ，移动鼠标靠近前直开领线，当线条变红并且上端点变亮时单击，弹出"点的位置"对话框。选择"长度"选项，输入数据，单击"确认"按钮，即画好前侧颈点。如图 5-127 所示。

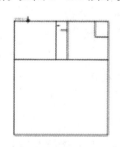 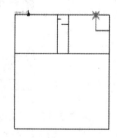 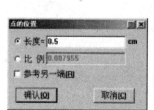

图 5-126 领的绘制　　　　　　　　　　　　　　图 5-127 前侧颈点

（19）选择"等分规"工具 ▤ ，单击胸围线，胸围线上出现等分点，如图 5-128 所示。

（20）继续使用"等分规"工具 ▤ ，分别单击背宽线上两点，背宽线上出现等分点，如图 5-129 所示。

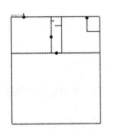

图 5-128　胸围线的等分点

图 5-129　背宽点

（21）用同样的方法等分其他各线,如图 5-130 所示。

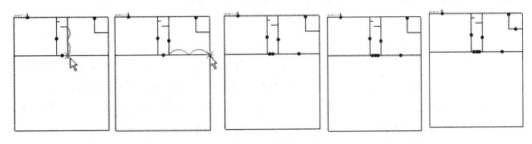

图 5-130　框架图的其他等分点

（22）选择"智能笔"工具 ✎ ,单击胸围线中点,移动鼠标指针形成竖线,单击下平线,即画好侧缝辅助线,如图 5-131 所示。

（23）选择"皮尺/测量长度"工具 ✎ ,分别单击胸围线上的 A、B 两点,弹出"测量长度"对话框。显示测量结果,单击"记录"按钮,计算机会自动用一个符号标记在测量部位,如图 5-132 所示。

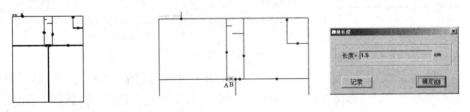

图 5-131　侧缝线

图 5-132　测量长度

（24）继续使用"皮尺/测量长度"工具 ✎ ,分别单击前横开领线上的 A、B 两点,弹出"测长度"对话框。显示测量结果,单击"记录"按钮,计算机会自动用一个符号标记在测量部位,如图 5-133 所示。

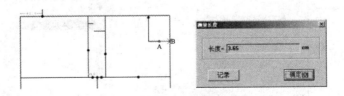

图 5-133　测量横开领

（25）选择"智能笔"工具 ✎ ,单击胸围线与背宽线交点,移动鼠标指针形成 45° 斜线再单击,弹出"长度"对话框。单击对话框右上角的"计算器"按钮,弹出"计算器"

对话框。双击左边列表中相应代号，输入公式，"="后面会自动计算出结果。单击"计算器"对话框的 按钮，两个对话框消失，如图5-134所示。

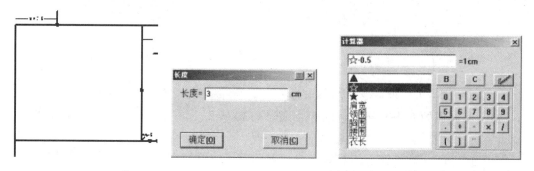

图5-134 后领

（26）继续使用"智能笔"工具 ，单击胸围线与背宽线的交点，移动鼠标指针形成45°斜线再单击，弹出"长度"对话框。单击对话框右上角的"计算器"按钮，弹出"计算器"对话框。双击左边列表中相应代号，输入公式，"="后面会自动计算出结果。单击"计算器"对话框的 按钮，两个对话框消失，如图5-135所示。

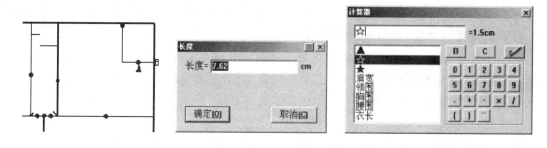

图5-135 后袖笼斜线

（27）继续使用"智能笔"工具 ，单击前直开领与前横开领的交点，移动鼠标指针形成45°斜线再单击，弹出"长度"对话框。单击对话框右上角的"计算器"按钮，弹出"计算器"对话框。双击左边列表中相应代号，输入公式，"="后面会自动计算出结果。单击"计算器"对话框的 按钮，两个对话框消失，如图5-136所示。

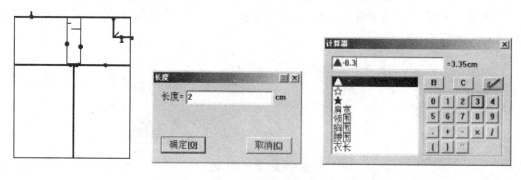

图5-136 前领斜线

（28）选择"智能笔"工具 ，画好后肩斜线，如图5-137所示。

（29）选择"皮尺／测量长度"工具 ，分别单击后肩斜线的两个端点，弹出"测量长度"对话框。显示测量结果，单击"记录"按钮，计算机会自动用一个符号标记在测量部位，如图5-138所示。

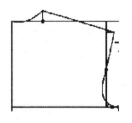

图5-137 肩斜线　　　　　　　　　　　　图5-138 测量肩斜线

（30）选择并按住"等分规"工具 ，当出现圆点时，选择"圆规"工具，单击前侧颈点，再单击前落肩线，弹出"长度"对话框。单击对话框右上角的"计算器"按钮，弹出"计算器"对话框。双击左边列表中后肩斜线代号，输入公式，"="后面会自动计算出结果，单击"计算器"对话框的 按钮，再单击"长度"对话框的"确定"按钮，此步骤也可用"角度线"工具 。如图5-139所示。

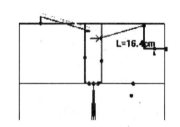

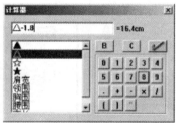

图5-139 前肩线

（31）选择"智能笔"工具 ，在折线、曲线输入状态下，依次单击后袖窿弧线的各个点，最后单击右键结束操作，如图5-140所示。

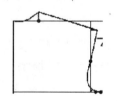

图5-140 袖笼弧线

（32）继续使用"智能笔"工具 ，画好其他弧线，如图5-141所示。

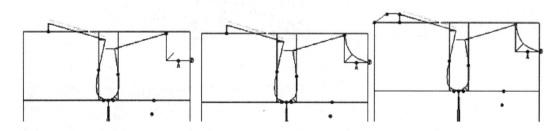

图5-141 各部位弧线

（33）选择"调整"工具 ，调整后领弧线至满意，如图5-142所示。

（34）选择"智能笔"工具 ，移动鼠标指针靠近前肩线，当前肩斜线变红并且上端点变亮时单击，同时按 Shift 键和鼠标右键弹出"调整曲线长度"对话框，在"长度增减"栏中输入 2，单击"OK"按钮，如图 5-143 所示。

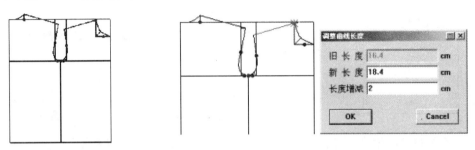

图 5-142　后领弧线　　　　　　　　　　　图 5-143　调整前肩斜线

（35）继续使用"智能笔"工具 ，单击胸围线与前中线的交点，再单击右键切换到丁字尺的状态，向左移动鼠标指针再单击，弹出"长度"对话框，输入 2，单击"确定"按钮，如图 5-144 所示。

（36）选择"智能笔"工具 ，在曲线、折线输入状态下分别单击翻折线上的两点，再单击右键结束操作，如图 5-145 所示。

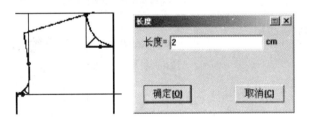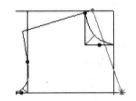

图 5-144　翻折点　　　　　　　　　　　　图 5-145　翻折线

（37）选择"皮尺 / 测量长度"工具 ，依次单击后领圈弧线的起点、中间一点和终点，弹出"测量长度"对话框。单击"记录"按钮，计算机自动用一个符号标注在该位置，如图 5-146 所示。

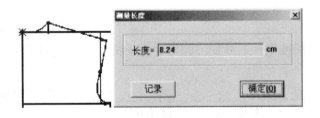

图 5-146　测量后领圈

（38）选择"智能笔"工具 ，单击翻折线的一个端点，按住鼠标不放开，移动到另一个端点再放开，鼠标指针变成平行线状态。单击侧颈点，向上移动鼠标指针形成平行线后再单击，弹出"长度"对话框。单击对话框右上角的"计算器"按钮，弹出"计算器"对话框，双击左边列表中后领圈弧长代号，输入公式，"="后面会自动计算出结果。单击"计算器"对话框的 按钮，再单击"长度"对话框中的"确定"按钮，如图 5-147 所示。

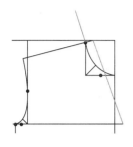

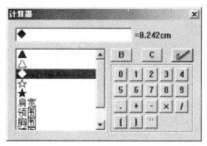

图 5-147　领的绘制 1

（39）选择"三角板"工具 ▨ ，分别单击 A 点、B 点，再单击 A 点，移动鼠标指针出现垂线后再单击，弹出"长度"对话框，输入 1.5，如图 5-148 所示。

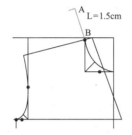

图 5-148　领的绘制 2

（40）靠近前中线，当该线变红并且上端点变亮时单击，弹出"点的位置"对话框。在"长度"栏中输入 5，单击"确认"按钮，单击右键结束操作，如图 5-149 所示。

图 5-149　领的绘制 3

（41）继续使用"智能笔"工具 ▨ ，延长线段 AB 到斜线，如图 5-150 所示。

（42）继续使用"智能笔"工具 ▨ ，在曲线输入状态下，单击后领中点，鼠标指针靠近肩斜线，当该线变红并且上端点变亮时单击，弹出"点的位置"对话框，在"长度"栏中输入 2.5，单击"确认"按钮，如图 5-151 所示。

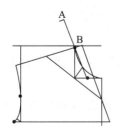
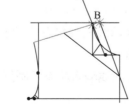
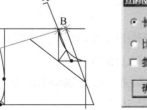

图 5-150　领的绘制 4 　　　　　　　　　　　　　图 5-151　领的绘制 5

（43）选择"三角板"工具，画出后领中线，如图 5-152 所示。

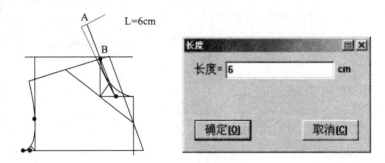

图 5-152　领的绘制 6

（44）选择"量角器"工具，单击串口线与前中线的交点，再单击串口线下端点，移动鼠标指针形成角度线后再单击，弹出"直线"对话框，输入数据，单击"确定"按钮，如图 5-153 所示。

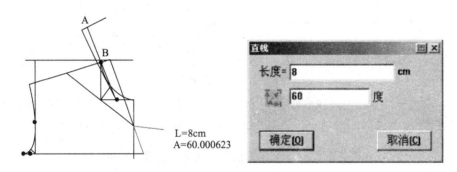

图 5-153　领的绘制 7

（45）选择"智能笔"工具，在曲线、折线输入状态下，单击止口点，弹出"点的位置"对话框，在"长度"栏中输入 3，单击"确认"按钮，如图 5-154 所示。

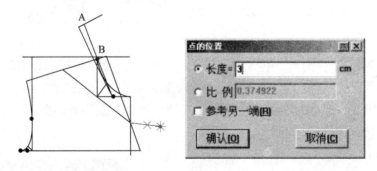

图 5-154　领的绘制 8

（46）选择"智能笔"工具，在曲线输入状态下，画好止口弧线，再用"调整工具"将弧线形状调整至满意，如图 5-155 所示。

（47）选择"智能笔"工具，在曲线输入状态下画好领边弧线，再用"调整工具"将弧线形状调整至满意，如图 5-156 所示。

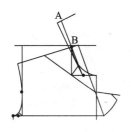

图 5-155 领的绘制 9

图 5-156 领的绘制 10

（48）袖子的操作步骤和一片袖子相同，在此略。

（49）结构图如图 5-157 所示。

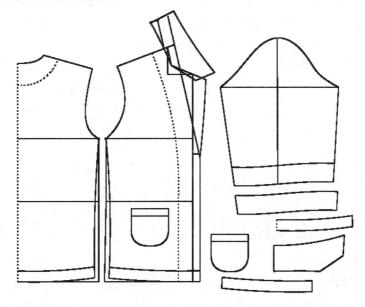

图 5-157 最终结构

任务六 ◎ 女上衣放缝和放码

★ 任务目标

1. 认识女上衣样板放缝工具，学会为女上衣样板放缝。

2. 掌握服装 CAD 推板基础知识。

3. 掌握女上衣放缝、打剪口的操作方法。

4. 认识女上衣放码工具，学会女上衣样板放码。

★ 任务体验

1.放缝操作

（1）双击"RP-DGS"图标，进入设计与放码系统的工作界面。

（2）单击"打开"按钮，弹出"打开"对话框，选择上一步制作的制版文件，单击"打开"按钮。

（3）选择"文档"菜单中的"另存为"命令，弹出"保存为"对话框，在"文件名"文本框中输入"女式上衣放缝.PTN"，单击"保存"按钮。

（4）双击纸样列表栏里的衣片，弹出"纸样资料"对话框，输入纸样名称、布料、份数等资料，单击"应用"按钮。如果有需要，可单击"纸样资料"对话框按钮，这时会显示扩展菜单。在"定位"选项区勾选"左右"选项，单击"应用"按钮。依次单击其他衣片，在"纸样资料"对话框中输入资料，完成以后单击"关闭"按钮，如图 5-158、图 5-159 所示。

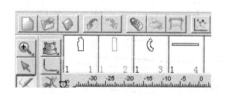

图 5-158　列表栏

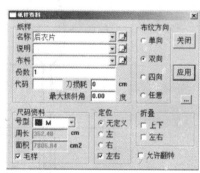

5-159　纸样资料

（5）选择"仅显示一个纸样"工具，使该按钮弹起，依次单击纸样列表栏的每个纸样，右工作区会显示所有纸样。选择"加缝份"工具，在右工作区单击纸样上任一点，弹出"加缝份"对话框。在"起点缝份量"文本框中输入 1，单击"工作全部纸样统一加缝份"按钮，弹出"富怡设计与放码 CAD 系统"对话框，单击"是"按钮，给所有纸样加上 1 cm缝份，如图 5-160 所示。

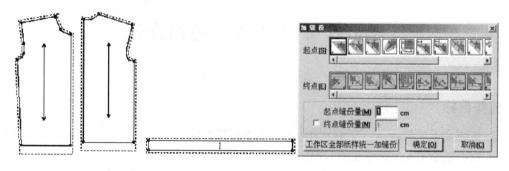

图 5-160　加缝份

（6）按顺时针方向依次单击纸样某一条边线的两个端点，弹出"加缝份"对话框。在"起点缝份量"文本框中输入缝份量，单击"确定"按钮，即可改变某一边的缝份量，如图5-161 所示。

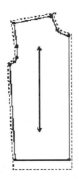 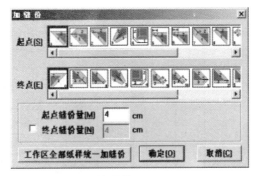

图 5-161　下摆缝份

（7）选择"钻孔／扣位"工具 ⊙，单击纸样列表栏中的其他纸样，在左工作区的相应位置单击，弹出"钮扣／扣位"对话框，单击"确定"按钮，在右工作区显示出结果，如图5-162 所示。

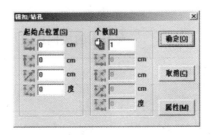

图 5-162　扣位

（8）选择"剪口"工具 ✎，单击衣片列表栏中的纸样，在右工作区单击需要加剪口的位置，弹出"剪口编辑"对话框，单击"确定"按钮。继续单击其他位置的剪口，完成以后单击"剪口编辑"对话框的"关闭"按钮，如图 5-163 所示。

（9）也可以单击左工作区的结构线，弹出"剪口"对话框，单击"确定"按钮，如图5-164 所示。

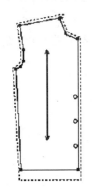 　　　　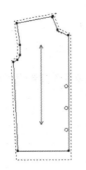

图 5-163　打剪口　　　　　　　　　　　　　　　　图 5-164　剪口类型

（10）完成效果如图 5-165 所示。

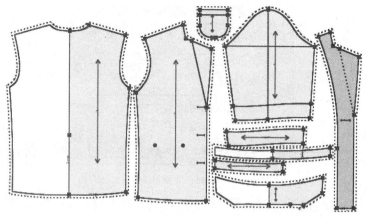

图 5-165 最终完成效果

2. 放码操作

（1）女上衣的放码档差尺寸参照表 5-4 所示。

表 5-4　　　　　　女上衣的放码档差尺寸

部位	腰围	肩宽	领围	衣长	袖长
档差	4	12	1	2	1.5

（2）双击“RP-DGS”图标，进入设计与放码系统的工作界面。

（3）单击“打开”按钮，弹出“打开”对话框，选择上一步制作的放缝文件，单击“打开”按钮。

（4）选择“文档”菜单中的“另存为”命令，弹出“保存为”对话框，在“文件名”文本框中输入“女式上衣点放码 .PTN”，单击“保存”按钮。

（5）选择“号型”菜单中的“号型编辑”命令，弹出“设置号型规格表”对话框。单击“插入”按钮增加号型，再单击“删除”按钮去掉多余尺寸，然后单击空格输入数据，完成以后单击“确定”按钮。

（6）选择号型设置菜单，单击左边列表中的号型名称，然后单击右边列表中的颜色，给不同号型设置不同的颜色，单击“确定”按钮，如图 5-166 所示。

号型名	☑	☑150	☑155	⊙160	☑165	☑170	☑
衣长		56	58	60	62	64	
胸围		84	88	92	96	100	
肩宽		37.6	38.8	40	41.2	42.4	
领围		34	35	36	37	38	
袖长		37	38.5	40	41.5	43	
腰围		70	74	78	82	86	

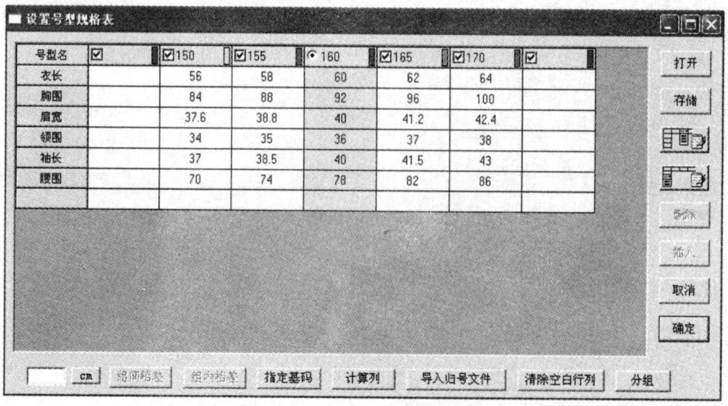

图 5-166 号型规格表

（7）选择"点放码"工具 ，弹出"点放码表"对话框。选择"选择与修改"工具，单击衣片的放码点，按放码参数图，在"点放码表"对话框中输入放码数据，单击"XY 相等"按钮，将衣片该部位放码显示，如图 5-167 所示。

（8）选择"选择与修改"工具，单击颈肩省点，在"点放码表"对话框中输入纵向 -0.6、横向 -0.6，按"XY 相等"按钮，将衣片该部位放码显示，如图 5-168 所示。

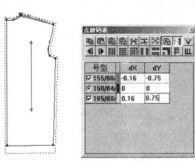

图 5-167　号型规格表　　　　　　　　　　图 5-168　颈肩省点放码

（9）选择"选择与修改"工具，单击肩点，在"点放码表"对话框中输入放码数据，单击"XY 相等"按钮，将衣片该部位放码显示，如图 5-169 所示。

（10）选择"选择与修改"工具，单击袖笼深点，在"点放码表"对话框中输入放码数据，单击"X 相等"按钮，将衣片该部位放码显示，如图 5-170 所示。

图 5-169　肩点放码　　　　　　　　　　图 5-170　袖笼深点放码

（11）单击前衣片的侧缝线下端点，按照放码参数图，在"点放码表"对话框中输入放码数据，单击"XY 相等"按钮，将衣片该部位放码显示，如图 5-171 所示。

（12）在"点放码表"对话框中单击"复制放码量"按钮，再单击前中线下端点，然后单击"粘贴 Y"按钮，将 Y 方向的放码量复制到该部位并放码显示，如图 5-172 所示。

图 5-171　下摆放码　　　　　　　　　　图 5-172　后中下摆放码

（13）单击前衣片的肩端点,在"点放码表"对话框中单击"复制放码量"按钮,再单击前中线上端点,然后单击"粘贴 Y"按钮,将 Y 方向的放码量复制到该部位并放码显示,如图 5-173 所示。

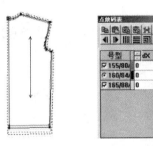

图 5-173　复制放码

（14）其他放码操作在此略。完成图如图 5-174 所示。

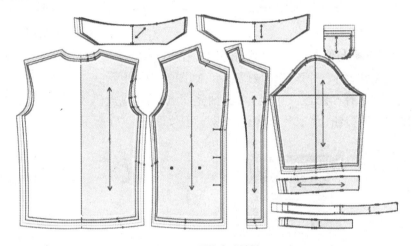

图 5-174　最终完成效果

<h1 align="center">任务七 ⊙ 女上衣排料</h1>

★ 任务目标

1. 掌握服装 CAD 排料基础应用知识。

2. 认识服装排料工具,学会自动排料、手动排料。

3. 灵活运用排料工具进行排料。

★ 任务体验

自动排料操作

（1）双击"RP-GMS"图标 ▣ ，进入排版系统界面。

（2）单击"新建"按钮 ▯ ，弹出"唛架设定"对话框，输入唛架长度、宽度及层数等数据，单击"确定"按钮，如图 5-175 所示。

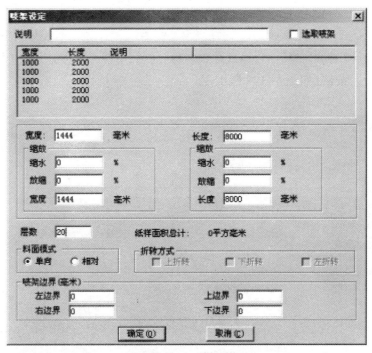

图 5-175　唛架设定

（3）弹出"选取款式"对话框，单击"载入"按钮，如图 5-176 所示。

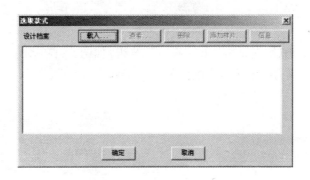

图 5-176　选取款式

（4）弹出"选取款式文档"对话框，单击"女式上衣点放码 .PTN"，再单击"打开"按钮，如图 5-177 所示。

图 5-177 选取款式文档

（5）弹出"纸样制单"对话框，输入款式名称、款式布料、号型套数，检查及修改纸样数据，单击"确定"按钮，如图 5-178 所示。

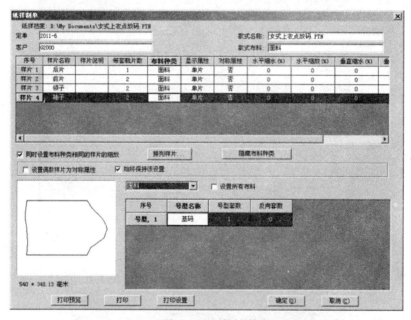

图 5-178 纸样制单

（6）单击"选取款式"对话框中的"确定"按钮，如图 5-179 所示。

（7）纸样窗和尺码窗中显示纸样的形状、号型和裁剪片数，如图 5-180 所示。

图 5-179 选取款式

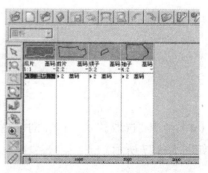

图 5-180 纸样窗

（8）设定纸样的显示参数。选择"选项"菜单中的"在唛架上显示纸样"命令，弹出"显示唛架纸样"对话框。取消"件套颜色"选项的勾选，在"说明"选项中，单击"布纹线"框右边的三角箭头，选择"纸样名称"等所需在布纹线上显示的内容，如图5-181所示。

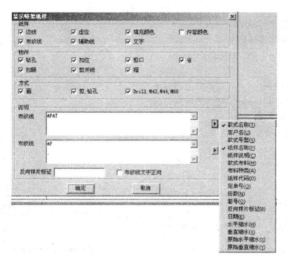

图5-181　唛架纸样

（9）选择"排料"菜单中的"开始自动排料"命令，计算机会自动排版，随后弹出"排料结果"对话框，单击"确定"按钮，如图5-182所示。

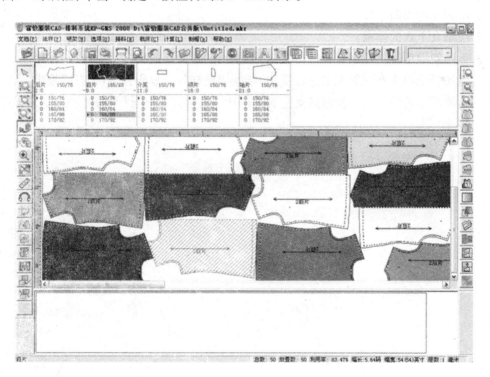

图5-182　自动排料

（10）单击"确定"唛架即显示在屏幕上，在状态栏里还可查看排料相关的信息，在"幅长"一栏里即是实际用料数。

（11）单击"文档→另存"，弹出"另存为"对话框，建立新文件夹（注意新建文件夹这一步不必每次都建，下一次再存文件时只需打开该文件夹即可），修改新文件夹名称，如图5-183所示。

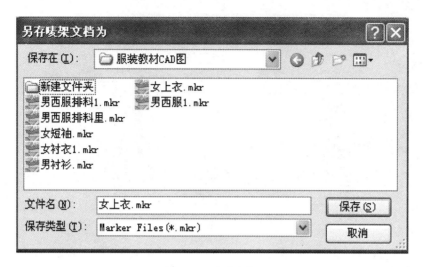

图 5-183　保存文档

★ 项目练习

1. 绘制女西服的样板。
2. 绘制女上衣的样板。
3. 运用新原型将女西服衣身进行变化，绘制出的样片、放码并 1∶1 打印输出。
4. 运用新原型将女西服衣袖进行变化，绘制出的样片、放码并 1∶1 打印输出。
5. 运用新原型绘制出一款时尚女上衣的样片、放码并 1∶1 打印输出。

项目六

男上装 CAD 工业制版

★ **项目目标**

1. 掌握绘制男上装的方法和步骤。
2. 熟练操作"点放码"工具,通过操作学会男上装放码。
3. 熟练操作"排料"工具、菜单、命令,掌握男上装服装排料的方法。

★ **项目结构**

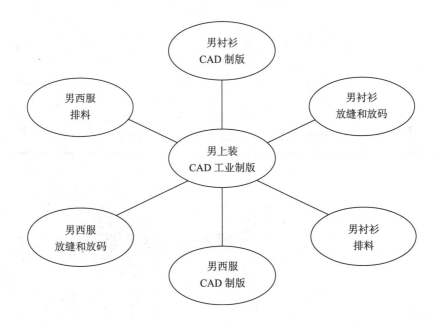

★ **项目描述**

　　男上装款式多种多样,归纳起来有衬衫、西服、风衣、大衣等。男士衬衫款式变化不大,主要区别在于领型部分,领型的样式直接关系到衬衫的整体效果。男西服的领、袖、衣长等基本设计是固定的,没有太大的变化,只是在门襟、驳领等方面做了些改变。西服既要符合穿着用途,又要体现时尚风貌。只要掌握了男衬衫和男西服 CAD 制图规律和方法,其他款式的 CAD 制图就很容易掌握规律和技巧了。

服装 CAD

★ 过程质量评定

男上装实训记录与成绩评定标准参照表6-1。

表6-1   **男上装实训记录与成绩评定**

内容	评分项目	评分要点	实训记录	分值	得分
CAD 板型制作、放码（100分）	样板结构	样板包括净样板、面料样板。 1. 结构设计正确、合理，符合服装款式造型要求，体现电脑纸样设计过程。 2. 线条流畅、规范。 3. 制图符号、对位标记标注正确、清晰，无遗漏。		40分	
	样板规格	1. 前、后片，袖片，领片等规格尺寸与服装号型以及设计稿的效果相符。 2. 成品规格不超过行业标准的允许公差。		20分	
	样板放缝	1. 前、后片，袖片，领片等放缝准确、均匀。 2. 领口、肩端、侧缝、袖山等转角处理准确、圆顺。 3. 放缝准确、合理。 4. 衬料样板与面子样板配伍适宜，放缝准确、合理。		10分	
	样板排料	1. 样板丝缕摆放准确。 2. 面料、衬料用料适宜。		10分	
	放码	1. 样板放码码数齐全、部件完整、线条缩放后不走形符合款式造型要求。 2. 纱向、裁片数、对位记号标注齐全、准确无误。 3. 公共线确定合理，各部位档差标注明确。		20分	

任务一 ● 男衬衫 CAD 制版

★ 任务目标

1. 熟练使用"智能笔"工具。
2. 灵活应用相关工具、命令、菜单绘制相关部位。
3. 掌握"移动"、"旋转"、"粘贴"工具的操作方法。

★ 任务分析

款式分析：领型为装领角，6粒扣，1个左胸贴袋，接后过肩，直腰身，曲下摆，一片袖，袖口宝剑头衩，有圆袖克夫，如图6-1所示。男衬衫规格尺寸参照表6-2。

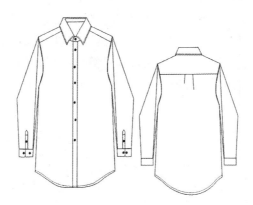

图6-1　男衬衫款式

表6-2　　　　　　　　　男衬衫规格尺寸

部位 \ 号型 规格	160/80	165/84	170/88	175/92	180/96
衣长	67	69	71	73	75
胸围	100	104	108	112	116
肩宽	42.8	44	45.2	46.4	47.6
领围	37	38	39	40	41
长袖长	55	56.5	58	59.5	61

★ 任务体验

操作步骤

（1）双击 图标，进入设计与放码系统的工作界面。

（2）选择"号型"菜单中的"号型编辑"命令，弹出"设置号型规格表"对话框，单击第一列的空格，依次输入部位名称，在"基码"下的空格中依次输入规格尺寸，单击"确定"按钮，如图6-2所示。

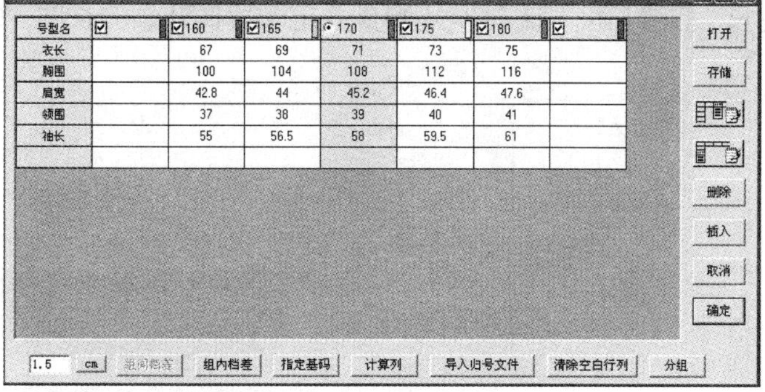

图6-2　号型规格表

（3）使用"矩形"工具 ▣ 画出前后衣片的基本结构线，方法是框选出矩形后弹出"矩形"对话框，在输入栏输入 72，然后单击"计算器"按钮，弹出"计算器"对话框，双击左边列表中的"胸围"，输入公式，"="后面自动计算出结果，单击"计算器"对话框的 ✐ 按钮，两个对话框消失，如图 6-3 所示。

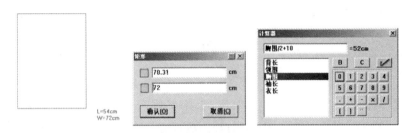

图 6-3 前后衣片基本结构线

（4）选择"智能笔"工具 ✎ ，按结构图画出胸围线、腰围线、胸宽线、背宽线和侧缝线，如图 6-4 所示。

（5）选择"点"工具 ▪ ，画出后横开领。方法是单击 A 点，再单击 B 点，弹出"点的位置"对话框，选择"长度"选项，单击对话框右上角的"计算器"按钮，弹出"计算器"对话框，双击左边列表的"领围"，输入公式，"="后面自动计算出结果，单击"计算器"对话框的 ⌧ 按钮，两个对话框消失，如图 6-5 所示。

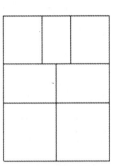

图 6-4 基本框架

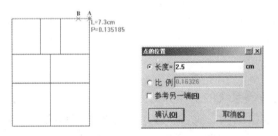

图 6-5 横开领

（6）使用"等分规"工具 ▭ 将后横开领平均分成 3 等分，如图 6-6 所示。

（7）选择"皮尺/测量长度"工具 ▨ ，测量并记录后横开领的长度，如图 6-7 所示。

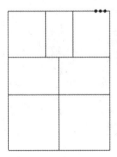
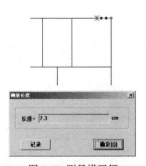

图 6-6 等分横开领 图 6-7 测量横开领

（8）选择"智能笔"工具 ，单击后横开领点，在"直线"输入状态下向上移动鼠标指针再单击，弹出"长度"对话框。单击对话框右上角的"计算器"按钮，弹出"计算器"对话框，双击左边列表中的"★"，输入公式，"="后面会自动计算出结果，单击"计算器"对话框的 按钮，两个对话框消失，如图6-8所示。

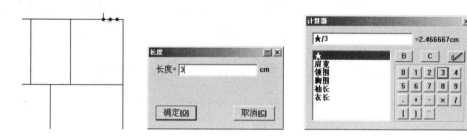

图6-8　后横开领

（9）继续使用"智能笔"工具 ，移动鼠标指针靠近上平线，当上平线变红并且左端点变亮时单击，弹出"点的位置"对话框，单击"长度"选项，再单击对话框右上角的"计算器"按钮，弹出"计算器"对话框，双击左边列表中的"★"，"="后面会自动计算出结果，单击"计算器"对话框的 按钮，两个对话框消失，如图6-9所示。

图6-9　前领

（10）向下移动鼠标指针形成竖线后再单击，弹出"长度"对话框，单击对话框右上角的"计算器"按钮，弹出"计算器"对话框，双击左边列表中的"领围"，输入公式，"="后面会自动计算出结果，单击"计算器"对话框的 按钮，两个对话框消失，如图6-10所示。

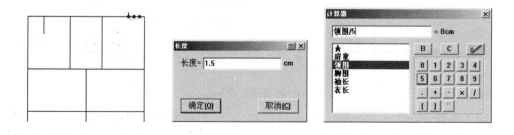

图6-10　后领

（11）继续使用"智能笔"工具 ，画出后落肩线，如图6-11所示。

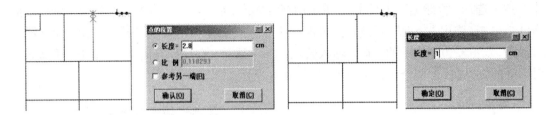

图 6-11 落肩

（12）继续使用"智能笔"工具 ，画出后肩斜线，如图 6-12 所示。

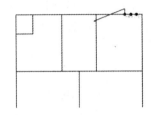

图 6-12 后肩斜线

（13）继续使用"智能笔"工具 ，画出前落肩线，如图 6-13 所示。

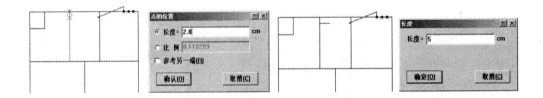

图 6-13 前落肩线

（14）选择"皮尺 / 测量长度"工具 ，测量并记录后肩斜线的长度，如图 6-14 所示。

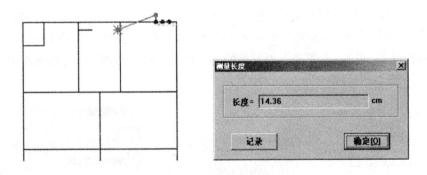

图 6-14 测量后肩斜线

（15）选择"圆规"工具 ，单击前侧颈点，在前落肩线上单击，弹出"长度"对话框。单击对话框右上角的"计算器"按钮，弹出"计算器"对话框，双击左边列表中的后肩斜线代号"☆"，"="后面会自动计算出结果，单击"计算器"对话框中的 按钮，再单击"长度"对话框中的"确定"按钮，如图 6-15 所示。

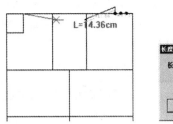
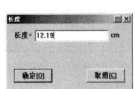
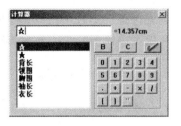

图 6-15　前肩长

（16）选择"智能笔"工具 ▱，画出前领圈辅助线，如图6-16所示。

（17）选择"等分规"工具 ▭，按结构图等分结构线，如图6-17所示。

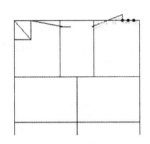
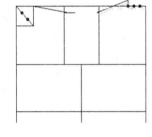

图 6-16　领圈辅助线　　　　　　　　　　图 6-17 等分结构线

（18）选择"皮尺／测量长度"工具 ▱，测量并记录长度，如图6-18所示。

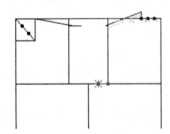

图 6-18　测量长度

（19）选择"智能笔"工具 ▱，按结构图画出前后袖窿弧线的角平分线，如图6-19所示。

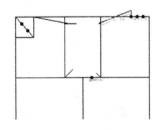

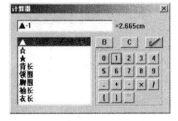

图 6-19　袖窿弧线角平分线

（20）选择"智能笔"工具 ▱，画好前后领圈弧线和前后袖窿弧线，如图6-20所示。

175

（21）选择"智能笔"工具 ✐ ，单击前肩斜线，再单击前领圈弧线，然后单击前袖窿弧线，移动鼠标指针出现平行线，当袖窿弧线上端点变亮时单击，弹出"点的位置"对话框，单击"长度"选项，输入3，单击"确认"按钮，如图6-21所示。

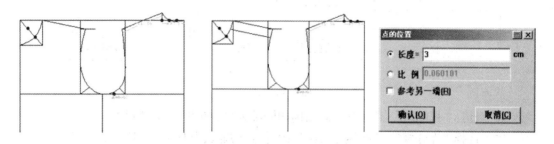

图6-20　各部位弧线调整　　　　　　　　　　　　　图6-21　前分割线

（22）选择"智能笔"工具 ✐ ，移动鼠标指针靠近背中线，当背中线变红并且上端点变亮时单击，弹出"点的位置"对话框，单击"长度"选项，输入6，单击"确认"按钮，如图6-22所示。

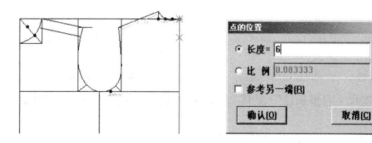

图6-22　后分割线

（23）单击"智能笔"工具 ✐ 直线的状态，向左移动鼠标指针形成水平线，在后袖窿弧线上单击，如图6-23所示。

（24）选择"剪断线"工具 ✂ ，单击后袖窿弧线变红，在点A上单击，后袖窿弧线从A点处断开，如图6-24所示。

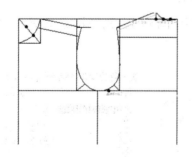
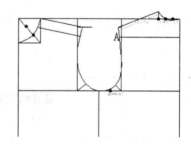

图6-23　分割完成　　　　　　　　　　　　　　　　图6-24　剪断分割片

（25）选择"点"工具 ⦁ ，移动鼠标指针靠近后袖窿弧线，当后袖窿弧线变红并且A点变亮时单击，弹出"点的位置"对话框，在"长度"栏中输入1，单击"确认"按钮，如图6-25所示。

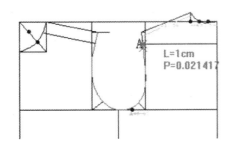

图6-25　后过肩点

（26）选择"智能笔"工具 ，在曲线输入状态下依次单击弧线的起点、中间一点和终点，再单击右键结束操作，即画好后衣片的分割线，使用"调整工具"调整弧线状态，如图6-26所示。

（27）选择"智能笔"工具 的"延长曲线端点"功能，移动鼠标指针靠近前领圈弧线，当前领圈弧线变红并且下端点变亮时单击，弹出"调整曲线长度"对话框，在"长度增减"栏中输入1.5，单击单击"OK"按钮，如图6-27所示。

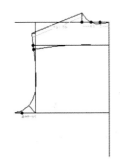
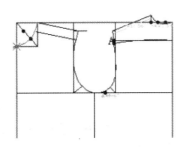
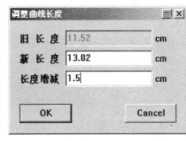

图6-26　调整后过肩线　　　　　　　　　　图6-27　调整曲线长度

（28）选择"智能笔"工具 ，画出门襟结构线，如图6-28所示。

（29）选择"偏移点"工具 ，单击胸宽线下端点，移动鼠标指针再单击，弹出"偏移量"对话框，输入数据，单击"确认"按钮，如图6-29所示。

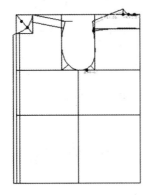

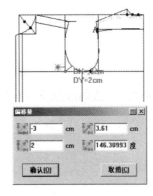

图6-28　门襟结构线　　　　　　　　　　　图6-29　偏移

（30）选择"矩形"工具 和"智能笔"工具 ，画出口袋结构线，如图6-30所示。

（31）选择"智能笔"工具 ，画出后衣片的褶和后下平线，如图6-31所示。

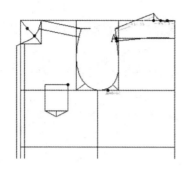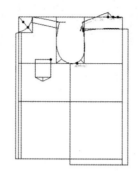

图 6-30　口袋结构线　　　　　图 6-31　后褶、后下平线

（32）选择"点"工具 ⊡ ，画出衣服下摆的辅助点，如图 6-32 所示。

（33）选择"智能笔"工具 ⊿ ，画出下摆弧线，如图 6-33 所示。

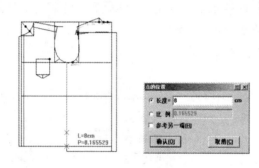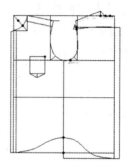

图 6-32　下摆辅助点　　　　　图 6-33　下摆弧线

（34）选择"偏移点"工具 ⊡ ，单击前直开领下端点，移动鼠标指针再单击，弹出"偏移量"对话框，输入数据，单击"确认"按钮，如图 6-34 所示。

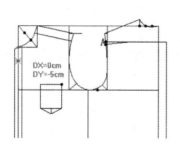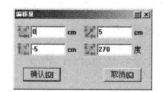

图 6-34　偏移点画出上钮扣

（35）用同样的方法画好最下面的钮扣位置，如图 6-35 所示。

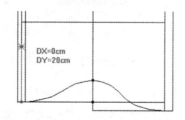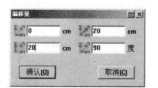

图 6-35　下钮扣

（36）选择"等分规" 🔲 工具，将快捷工具栏上等分数设为5，分别单击第一钮位点和最下面的钮位点，将这段距离5等分，如图6-36所示。

（37）选择"剪断线" 🔧 工具，单击前袖窿弧线，当前袖窿弧线变红时，在A点单击，前袖窿弧线从A点处断开。用同样的方法从A点剪断前领圈弧线，如图6-37所示。

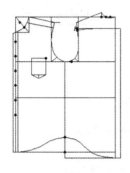
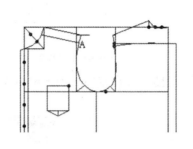
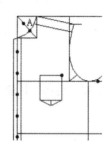

图6-36 等分钮扣   图6-37 剪断袖窿、领圈弧线

（38）选择"移动旋转/粘贴"工具 🗗 ，依次单击点1、2、3、4，确定移动对应点，再依次单击要移动粘贴的线，完成后在空白处单击右键结束，如图6-38所示。

（39）选择"连接"工具 🔧 ，单击线段AB，再单击线段BC，在空白处单击右键，将两段线连接成一条线，如图6-39所示。

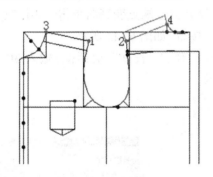
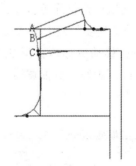

图6-38 前片分割移动   图6-39 连接前后肩

（40）选择"对称粘贴/移动"工具 🔺 ，对称复制肩覆势和后衣片，如图6-40所示。

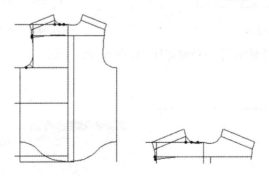

图6-40 后过肩完成效果

（41）选择"皮尺/测量长度"工具 📏 ，分别测量并记录3段袖窿弧线的长度，如图6-41所示。

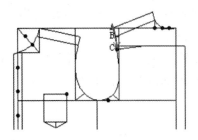

图 6-41 测量袖窿弧线

（42）选择"智能笔"工具 ，在空白处画出袖中线，如图 6-42 所示。

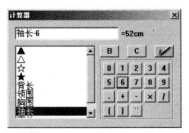

图 6-42 袖中线

（43）移动鼠标指针靠近袖中线，当袖中线变红并且上端点变亮时单击，弹出"点的位置"对话框，在"长度"栏中输入 10，单击"确认"按钮，如图 6-43 所示。

（44）向右移动鼠标指针形成水平线后再单击，弹出"长度"对话框，输入 30，单击"确定"按钮，即画好一侧袖宽线，如图 6-44 所示。

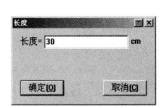

图 6-43 袖山深　　　　　　　　　　　　　　　　图 6-44 半袖宽线

（45）用同样的方法画好另一侧袖宽线，如图 6-45 所示。

图 6-45 完整袖宽线

（46）选择"圆规"工具 ，单击袖中线上端点，在一侧袖宽线上单击，弹出"长度"对话框。单击对话框右上角的"计算器"按钮，弹出"计算器"对话框，双击左边列表中部位名称代号，输入公式，"＝"后面会自动计算出结果，单击"计算器"对话框中的 按钮，再单击"长度"对话框中的"确定"按钮，如图6-46所示。

图6-46　后袖山斜线

（47）继续使用"圆规"工具 ，画好另一侧袖山弧线，如图6-47所示。

（48）选择"智能笔"工具 ，画出袖口线，如图6-48所示。

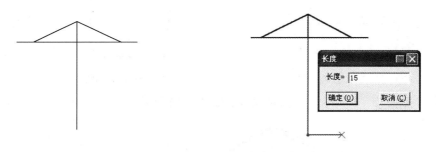

图6-47　前袖山斜线　　　　　　　　　　图6-48　后袖口线

（49）用同样的方法画出另一侧袖口线，如图6-49所示。

（50）继续使用"智能笔"工具 ，画好两侧袖底线，如图6-50所示。

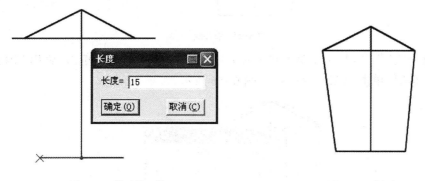

图6-49　前后袖口线　　　　　　　　　　图6-50　袖框架图

（51）选择"等分规"工具 ，画出袖叉的位置，如图6-51所示。

（52）继续使用"等分规"工具 ，将后袖山斜线3等分，将前袖山斜线4等分，如图6-52所示。

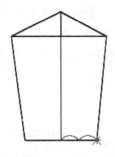
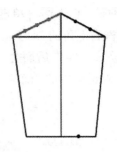

图 6-51　袖叉　　　　　　　　图 6-52　袖山斜线等分点

（53）选择"三角板"工具，画出垂直线，如图6-53所示。

（54）选择"智能笔"工具，依次单击袖山弧线上各点，最后单击右键结束，如图6-54所示。

图 6-53　等分点的垂直线　　　　　图 6-54　袖山弧线

（55）选择"智能笔"工具，画好袖叉线，如图6-55所示。

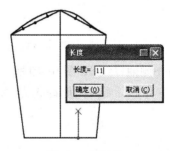

图 6-55　袖叉线

（56）选择"点"工具，单击袖中线下端点，移动鼠标指针再单击，弹出"偏移量"对话框，输入数据，单击"确认"按钮，如图6-56所示。

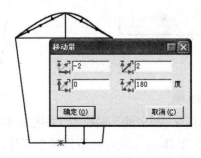

图 6-56　袖褶点

（57）选择"点"工具，继续画好其他褶皱点，如图6-57所示。

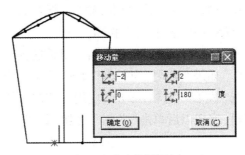

图6-57 完成其他褶皱点

（58）选择"智能笔"工具 ✐ ，画好其他零部件。选择"剪刀"工具，依次单击各衣片轮廓线各点，经过曲线时要在线上单击一下，直至生成封闭的衣片，纸样窗即显示出各衣片纸样，如图6-58所示。

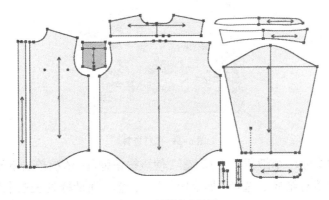

图6-58 纸样完成效果

（59）存储。

任务二 ◎ 男衬衫放缝和放码

★ 任务目标

1.掌握服装CAD推板基础知识。

2.掌握男衬衫样板放缝、打剪口的操作方法。

3.学会男衬衣样板放码。

★ 任务体验

1.放缝操作

（1）双击"RP-DGS"图标 ，进入设计与放码系统的工作界面。

（2）单击"打开"按钮，弹出"打开"对话框，选择"男衬衫.PTN"，单击"打开"按钮。

（3）选择"文档"菜单中的"另存为"命令，弹出"保存为"对话框，在"文件名"文本框中输入"男衬衫放缝.PTN"，单击"保存"按钮。

（4）双击纸样列表栏里的衣片，弹出"纸样资料"对话框，输入纸样名称、布料、份数等资料，单击"应用"按钮。如果有需要，可打开"纸样资料"对话框，这时会显示扩展菜单。在"定位"选项区勾选"左右"选项，单击"应用"按钮。依次单击其他衣片，在"纸样资料"对话框中输入资料，完成以后单击"关闭"按钮，如图6-59所示。

图 6-59　纸样资料

（5）选择"仅显示一个纸样"工具 ，使该按钮弹起，依次单击纸样列表栏的每个纸样，工作区会显示所有纸样。选择"加缝份"工具 ，在纸样列表栏中单击前衣片，在工作区单击前衣片上任意一点，弹出"加缝份"对话框。在"起点缝份量"文本框中输入1，单击"工作区全部纸样统一加缝份"按钮，弹出"富怡设计与放码 CAD 系统"对话框，单击"是"按钮，给所有纸样加上1 cm 的缝份，如图6-60所示。

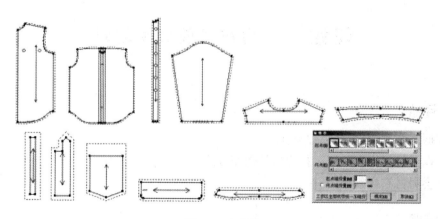

图 6-60　加缝份

（6）按顺时针方向依次单击袖山弧线的两个端点，弹出"加缝份"对话框，分别在"起点缝份量"和"终点缝份量"文本框中输入数据，单击"确定"按钮，即可改变某一边的缝份量，如图6-61所示。

图6-61　袖山缝份及袖口缝份

（7）选择"钻孔／扣位"工具 ⊙，在纸样列表栏里单击前衣片，在工作区中单击前片的门襟位置，弹出"钮扣／钻孔"对话框，单击"确定"按钮，在工作区显示前衣片加标记的效果。单击纸样列表栏的其他纸样，在工作的相应位置单击，弹出"钮扣／钻孔"对话框，单击"确定"按钮，在工作区显示出结果，如图6-62所示。

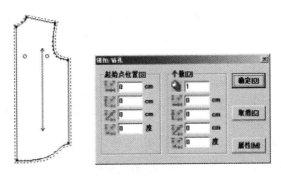

图6-62　袋的定位

（8）单击纸样列表栏的其他纸样，在工作区的相应位置单击，弹出"钮扣／钻孔"对话框，单击"确定"按钮，在右工作区显示结果，如图6-63所示。

（9）选择"眼位"工具 ⋈，在纸样列表栏单击袖克夫，在工作区单击钮扣位置，移动鼠标指针出现扣眼后再单击，再在空白处单击右键，弹出"加扣眼"对话框，输入扣眼的尺寸和角度，单击"确定"按钮，如图6-64所示。

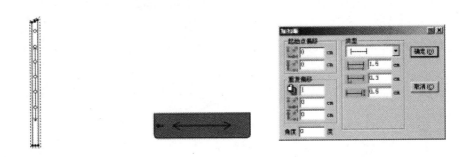

图6-63　钮扣定位　　　　　　　　　　图6-64　袖克夫扣眼

（10）选择"褶"工具 ▨，单击衣片列表栏中的后衣片，在工作区分别单击工字褶中线的两个端点，移动鼠标指针出现褶裥线后再单击，弹出"工字褶"对话框，输入数据，单击"确定"按钮，如图6-65所示。

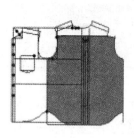

图 6-65 后褶

（11）选择"剪口"工具 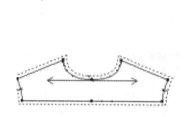，单击衣片列表栏的纸样，在工作区单击需要加剪口的位置，弹出"剪口编辑"对话框，单击"确定"按钮。继续单击其他位置的剪口，完成以后单击"剪口编辑"对话框的"关闭"按钮，如图 6-66 所示。

图 6-66 加剪口

（12）也可以单击工作区的结构线，弹出"剪口"对话框，单击"确定"按钮，如图 6-67 所示。

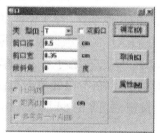

图 6-67 剪口类型

（13）完成效果如图 6-68 所示。

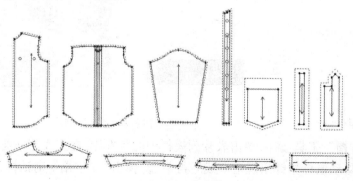

图 6-68 最终效果

2.放码操作

（1）男衬衫的放码档差尺寸参照表6-3。

表6-3 男衬衫的放码档差尺寸

部位	胸围	肩宽	领围	衣长	袖长
档差	4	1.2	1	2	1.5

（2）双击"RP-DGS"图标 ，进入设计打板放码系统的工作界面。

（3）单击"打开"按钮，弹出"打开"对话框，选择上一步制作的放缝文件，单击"打开"按钮。

（4）选择"文档"菜单中的"另存为"命令，弹出"保存为"对话框，在"文件名"文本框中输入"男衬衫点放码.PTN"，单击"保存"按钮。

（5）选择"号型"菜单中的"号型编辑"命令，弹出"设置号型规格表"对话框。单击"插入"按钮增加号型，再单击"删除"按钮去除多余尺寸，然后单击空格输入数据，完成后单击"确定"按钮。

（6）选择号型中颜色设置，弹出"设置颜色"对话框。单击"号型"选项卡，再单击左边列表中的号型名称，然后单击右边列表中的颜色，给不同的号型设置不同的颜色，单击"确定"按钮，如图6-69所示。

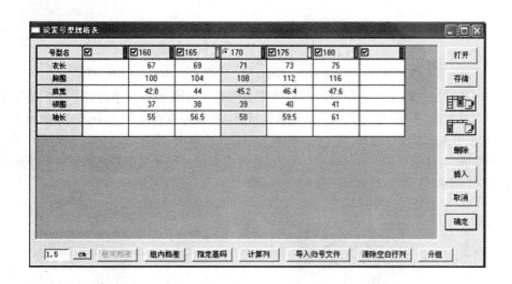

图6-69 号型规格表

（7）选择"点放码"工具 ，弹出"点放码表"对话框。选择"选择与修改"工具，单击前衣片的侧颈点，在"点放码表"对话框中输入放码数据，单击"XY相等"按钮，将衣片该部位放码显示，如图6-70所示。

（8）继续使用"选择与修改"工具 ，单击前衣片的肩端点，在"点放码表"对话框中输入放码数据，单击"XY相等"按钮，将衣片该部位放码显示，如图6-71所示。

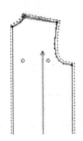

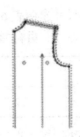

图6-70　侧颈点　　　　　　　　　　　　　　　图6-71　肩端点

（9）继续使用"选择与修改"工具 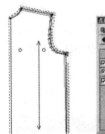，单击前衣片的侧缝线上端点，在"点放码表"对话框中输入数据，单击"XY相等"按钮，将衣片该部位放码显示，如图6-72所示。

（10）单击前衣片的侧缝线下端点，按照放码参数图在"点放码表"对话框中输入放码数据，单击"XY相等"按钮，将衣片该部位放码显示，如图6-73所示。

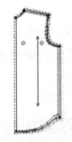

图6-72　测缝端点　　　　　　　　　　　　　　图6-73　测缝下端点

（11）在"点放码表"对话框中单击"复制放码量"按钮 ，再单击前中线下端点，然后单击"粘贴Y"按钮，将Y方向的放码量复制到该部位并放码显示，如图6-74所示。

（12）单击前衣片肩端点，在"点放码表"对话框中单击"复制放码量"按钮 ，再单击前中线下端点，然后单击"粘贴Y"按钮，将Y方向的放码量复制到该部位并放码显示，如图6-75所示。

图6-74　前中线下端点　　　　　　　　　　　　图6-75　前中线下端点

（13）单击前衣片的口袋位置，按照放码参数图，在"点放码表"对话框中输入放码数据，单击"XY相等"按钮，将衣片该部位放码显示，如图6-76所示。

（14）选择"拷贝点放码量"工具 ，单击前衣片肩端点，再单击后衣片右侧肩端点，可迅速拷贝相同放码量，如图6-77所示。

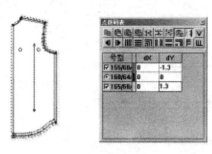

图6-76　口袋放码

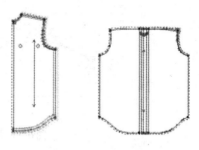

图6-77　后测肩端点

（15）继续使用"拷贝点放码量"工具 ，单击前衣片的放码点，再单击后衣片的相应点，即可迅速拷贝相同放码量，如图6-78所示。

（16）在"对称放码"按钮 下陷的状态下，选择"拷贝点放码量"工具 ，单击后衣片右边的放码点，再单击左边对应的点，即可迅速拷贝相同放码量，如图6-79所示。

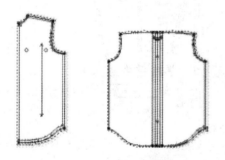

图6-78　后衣片右放码点

图6-79　拷贝相应点

（17）单击后衣片的肩端点，在"点放码表"对话框中单击"复制放码量"按钮 ，再单击肩覆势的肩端点，然后单击"粘贴 X"按钮，将X方向的放码量对称复制到该部位并放码显示，如图6-80所示。

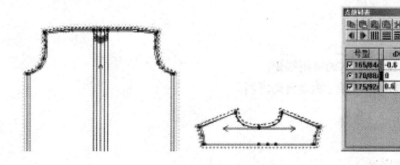

图6-80　后过肩放码

（18）单击前衣片的侧颈点，在"点放码表"对话框中单击"复制放码量"工具 ，再单击肩覆势的侧颈点，然后单击"粘贴 X"按钮，将X方向的放码量对称复制到该部位并放码显示。

（19）在"对称放码"按钮 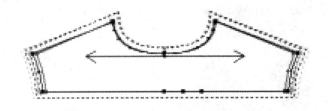 下陷的状态下，选择"拷贝点放码量"工具 ▦，单击衣片右边的放码点，再单击左边对应点，即可迅速拷贝相同放码量，如图6-81所示。

图6-81 拷贝相同的后过肩的放码量

（20）按放码参数图将其他衣片放码，如图6-82所示。

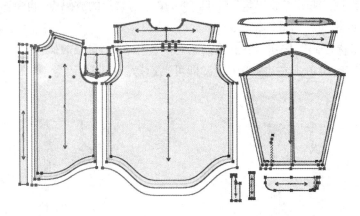

图6-82 最终完成效果

（21）存储。

任务三 ◯ 男衬衫排料

★ 任务目标

1. 掌握服装CAD排料基础应用知识。
2. 熟练运用服装排料工具，学会自动排料。

★ 任务体验

自动排料操作步骤

（1）双击"RP-GMS"图标 ▦，进入排版系统界面。

（2）单击"新建"按钮 ▢，弹出"唛架设定"对话框，输入唛架长度、宽度和层数等数据，单击"确定"按钮，如图6-83所示。

（3）弹出"选取款式"对话框，单击"载入"按钮，如图6-84所示。

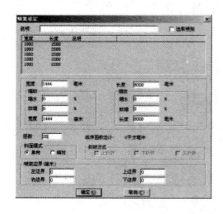

图6-83　唛架设定

图6-84　选取款式

（4）弹出"选取款式文档"对话框，单击"男衬衫点放码 .PTN"，再单击"打开"按钮。如图6-85所示。

（5）弹出"纸样制单"对话框，输入款式名称、款式布料和号型套数，检查及修改纸样数据，单击"确定"按钮，如图6-86所示。

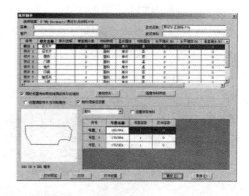

图6-85　选取款式文档

图6-86　纸样制单

（6）单击"选取款式"对话框中的"确定"按钮，如图6-87所示。

（7）纸样窗和尺码窗中显示纸样的形状、号型、裁剪片数，如图6-88所示。

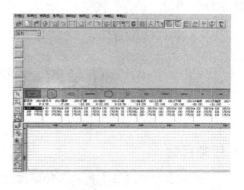

图6-87　选取款式

图6-88　纸样窗

（8）设定纸样的显示参数。选择"选项"菜单中的"在唛架上显示纸样"命令，弹出"显示唛架纸样"对话框，取消"件套颜色"选项的勾选，在"说明"选项中，单击"布纹线"框右边的三角箭头，选择"纸样名称"等所需在布纹线上显示的内容，如图 6-89 所示。

图 6-89 显示唛架纸样

（9）选择"排料"菜单中的"开始自动排料"命令，计算机会自动排版，随后弹出"排料结果"对话框，单击"确定"按钮，如图 6-90 所示。

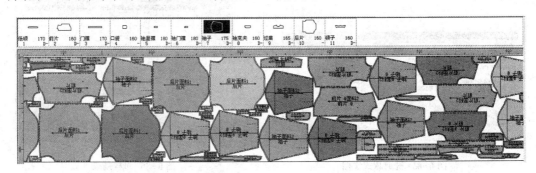

图 6-90 自动排料

（10）单击"保存"按钮，弹出"另存唛架文档为"对话框，输入文件名称"男衬衫排料 .PTN"，单击"保存"按钮。

任务四 ◉ 男西服 CAD 制版

★ 任务目标

1. 熟练掌握智能笔工具的多种操作方法。
2. 灵活应用相关工具、命令、菜单绘制相关部位。

3.掌握分割／展开／去除余量工具的操作方法。

★ 任务分析

款式分析：单排扣，平驳领，胁省为通省，圆角下摆，后片中缝开背缝，腰节以下开背衩，袖型圆装袖，袖口开衩，钉装饰扣3粒，双嵌线挖袋，如图6-91所示。男西服规格尺寸参照表6-4。

图6-91 男西服款式

表6-4　　　　　　　　　　男西服规格尺寸

号型 部位	160/80A	165/84A	170/88 A	175/92A	180/96A	档差
衣长	68	70	72	74	76	2
胸围	98	102	106	110	114	4
肩宽	41.8	43	44.2	45.4	46.6	1.2
袖长	56	57.5	59	60.5	62	1.5
领围	37	38	39	40	41	1
袖口	27.8	28.4	29	29.6	30.2	0.6

★ 任务体验

1. 前后片制版

（1）单击菜单"号型→号型编辑"，在设置号型规格表中输入尺寸（此操作可有可无），如图6-92所示。

图6-92 号型编辑

（2）运用学过服装CAD制版的知识，结合以上尺寸绘制出框架图，如图6-93所示。

（3）选择 "智能笔"工具 ，在腰节线下 4 cm 定出后背衩宽，再用 "剪断线"工具 开衩的位置，用"设置线的类型"工具 设置成点画线，轮廓线加粗，如图 6-94 所示。

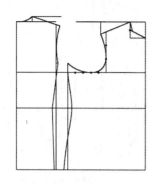

图 6-93 男西服框架　　　　　　　　　　　　　图 6-94 背衩绘制

（4）手巾袋的操作。

① 选择"智能笔"工具 ，距前胸宽 0.3/10 胸围取点，再在"矩形"工具对话框中输入长为胸围 /10-0.3 cm，宽为 2.3 cm，单击"确定"，如图 6-95 所示。

图 6-95 手巾袋绘制 1

② 用"调整"工具 和 Ctrl 键框选手巾袋的后部，在对话框中竖直方向上输入 1.3 cm，单击"确定"，如图 6-96 所示。

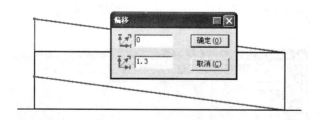

图 6-96 手巾袋绘制 2

（5）大袋的操作。

① 选择"等分规"工具 把手巾袋等分，再选择"智能笔"工具 找出腰节线的位置向下 8 cm，腰节线向前 1.5 cm，作为大袋的前点，如图 6-97 所示。

② 在"矩形"工具 对话框中输入长为胸围 /10+4.5 cm，宽为 5.5 cm，单击"确定"，如图 6-98 所示。

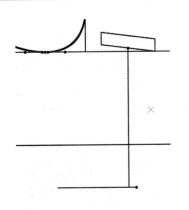

图 6-97　大袋绘制 1

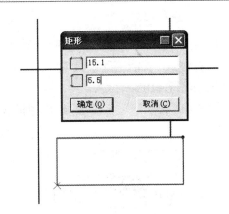

图 6-98　大袋绘制 2

③ 用"调整"工具 和 Ctrl 键框选大袋的后部,在对话框中竖直方向输入 1 cm,单击"确定",如图 6-99 所示。

④ 用"圆角"工具对大袋角进行顺滑连接,满意后单击"确定",如图 6-100 所示。

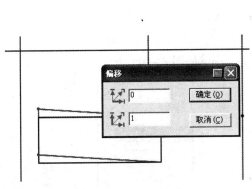

图 6-99　大袋绘制 3

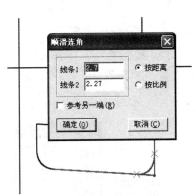

图 6-100　大袋绘制 4

（6）胁省的操作。

① 选择"智能笔"工具 连接,放在大袋后点上按 Enter 键,在对话框中水平方向输入 2.5 cm,单击"确定",如图 6-101 所示。

② 同样方法,选择"智能笔"工具 连接,放在大袋后点上按 Enter 键,在对话框中水平方向输入 1 cm,竖直方向输入 –0.5 cm,单击"确定",如图 6-102 所示。

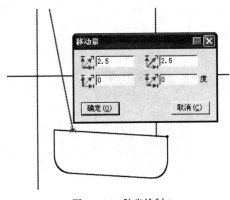

图 6-101　胁省绘制 1

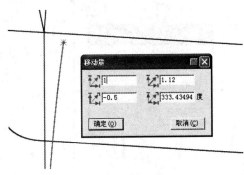

图 6-102　胁省绘制 2

（7）领子的操作。

① 用"测量"工具量取后领圈的长度。

② 右键点"智能笔"工具 ，并同时按下 Shift 键，在对话框中输入 2 cm，然后画出翻折线，如图 6-103 所示。

③ 选择"智能笔"工具 延长翻折线，长度为后领圈长，如图 6-104 所示。

图 6-103 基点

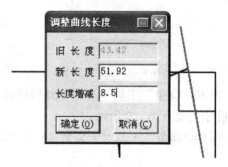

图 6-104 延长翻折线

④ 选择"智能笔"工具 ，画出翻折线的平行线，如图 6-105 所示。

⑤ 选择"智能笔"工具 ，画出驳头宽度为 8 cm，如图 6-106 所示。

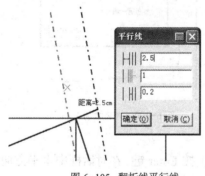

图 6-105 翻折线平行线

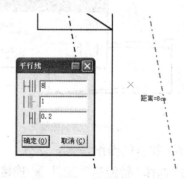

图 6-106 驳头宽绘制

⑥ 选择"圆规"工具 ，画出驳头外轮廓，如图 6-107 所示。

⑦ 用"圆规"工具 ，画出缺嘴，然后用"智能笔"画出翻角和驳角，如图 6-108 所示。

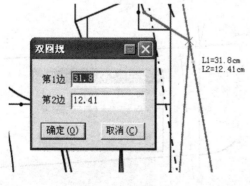

图 6-107 驳头绘制

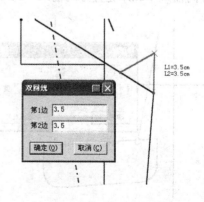

图 6-108 缺嘴

⑧使用"三角板"工具 ，画出翻领松度和后领中线，翻领宽度为 3.5 cm，底领为 2.5 cm，选择"智能笔"工具 画出领外围线，如图 6-109 所示。

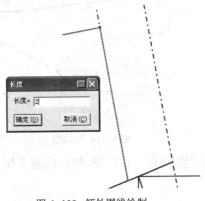

图 6-109　领外围线绘制

⑨选择"对称调整"工具 ，调整驳头和领线，如图 6-110、图 6-111 所示。

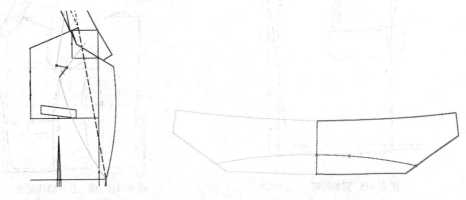

图 6-110　完成图　　　　　　　　　　图 6-111　领完成图

⑩用"分割 / 展开 / 去除余量"工具 对翻领的下口、底领的上口进行去除余量，余量为 0.6 cm，具体操作：用该工具框选（或单击）所有操作线，击右键；单击不伸缩线（如果有多条框选后击右键）；单击伸缩线（如果有多条框选后击右键）；如果有分割线，单击或框选分割线，单击右键确定固定侧，弹出"单向展开或去除余量"对话框（如果没有分割线，单击右键确定固定侧，弹出"单向展开或去除余量"对话框）；输入恰当数据，选择合适的选项，确定即可。如图 6-112 至图 6-114 所示。

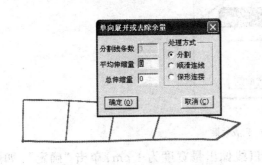

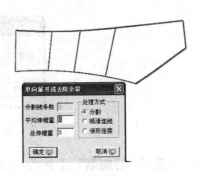

图 6-112　底领　　　　　　　　　　　图 6-113　翻领

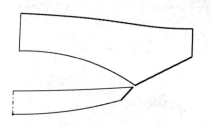

图 6-114 完成图

（8）下摆的操作：选择"智能笔"工具 ✍ 制作出前下摆，再用圆角工具进行圆顺调节，如图 6-115 所示。

（9）前后结构图如图 6-116 所示。

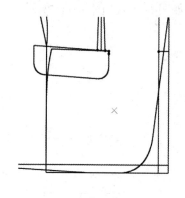

图 6-115 圆摆绘制

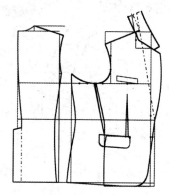

图 6-116 前、后片结构完成

2. 袖子制版操作

（1）选择"矩形"工具 ▣ 画出袖子的框架图，袖长 58.5 cm，袖肥大为胸围/5-0.3 cm，袖斜线用"圆规"工具 ▣ AH/2+0.3 cm，单击"确定"，如图 6-117 所示。

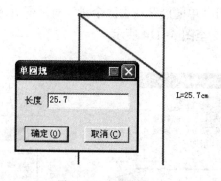

图 6-117 完成效果

（2）选择"智能笔"工具 ✍，画出袖口线偏出量宽度为 1 cm，单击"确定"，如图 6-118 所示。

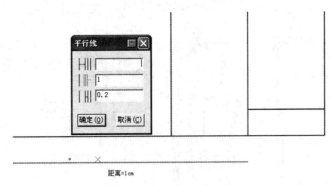

图 6-118　完成效果

（3）使用"圆规"工具 ，画出袖口线胸围/10+4 cm，单击"确定"，如图 6-119 所示。

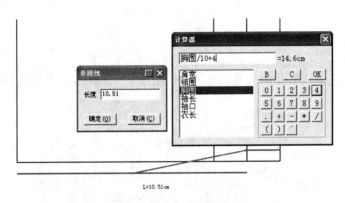

图 6-119　袖口大绘制

（4）选择"智能笔"工具 ，画出大袖低线偏出量宽度为 1 cm，单击"确定"，如图 6-120 所示。

（5）选择"智能笔"工具 ，画出大袖衩低线偏出量宽度为 2 cm，单击"确定"，用"三角板"工具 取 10 cm，用"智能笔"工具 连接，如图 6-121 所示。

（6）用"智能笔"工具 和"移动"工具 画出小袖，如图 6-122 所示。

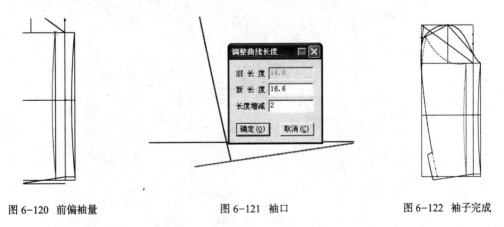

图 6-120　前偏袖量　　　　　　图 6-121　袖口　　　　　　图 6-122　袖子完成

3. 完整结构图

根据学过服装 CAD 知识画出零部件和里子。完整结构图如图 6-123 所示。

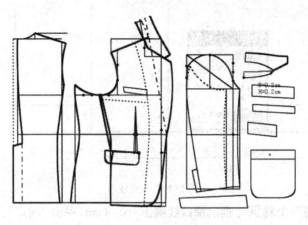

服裝 CAD

图 6-123　完整结构

4. 拾取裁片操作

用"剪刀"工具 拾取衣片，用"衣片辅助线"工具拾取内部结构线。如图 6-124、
图 6-125 所示。

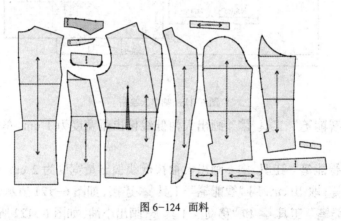

图 6-124　面料

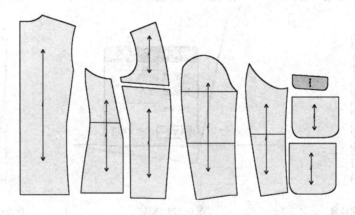

图 6-125　里料

5. 存储

每设计一个款式都要单击"保存"。

任务五 ● 男西服放缝和放码

★ 任务目标

1. 熟练男西服样板放缝。
2. 掌握男西服服装 CAD 推板基础知识。
3. 学会男西服样板放码。

★ 任务体验

1. 放缝操作步骤

（1）双击"RP-DGS"图标 ，进入设计与放码系统的工作界面。

（2）单击"打开"按钮 ，弹出"打开"对话框，选择上一步制作的制版文件，单击"打开"按钮。

（3）选择"文档"菜单中的"另存为"命令，弹出"保存为"对话框，在"文件名"文本框中输入"男西服放缝.PTN"，单击"保存"按钮。

（4）纸样说明。

① 首先设置纸样说明格式，单击菜单"选项→系统设置→布纹线上纸样说明"命令，在布纹线上或下选择合适的格式。

② 双击纸样或单击菜单"纸样→纸样资料"命令，在弹出的"纸样资料"对话框里填写纸样名，面料、份数等，如图 6-126 所示。

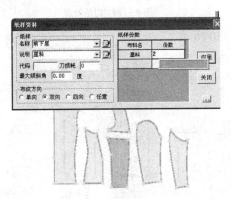

图 6-126 纸样资料

（5）加缝份的操作。

① 用加缝份工具单击，选择工作区统一加缝份 1 cm。

② 下摆用加缝份工具修改成 4 cm，袖口改成 3.5 cm，如图 6-127 所示。

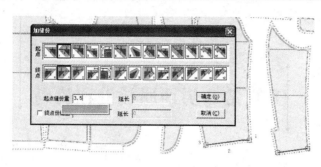

图 6-127　加缝份

③ 手巾袋的缝份修改成 2 cm，切角处理，如图 6-128 所示。

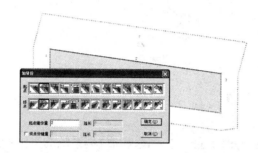

图 6-128　手巾袋缝份修改

④ 用"缝份切角"工具 ✂，对前后片的袖笼处和大小袖处进行切角处理，如图 6-129 所示。

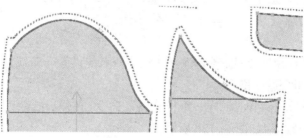

图 6-129　切角处理

⑤ 面子放缝如图 6-130 所示。

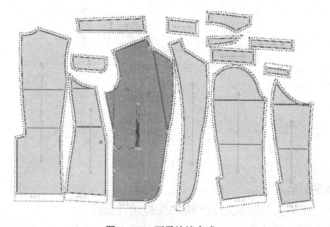

图 6-130　面子放缝完成

⑥里子放缝如图 6-131 所示。

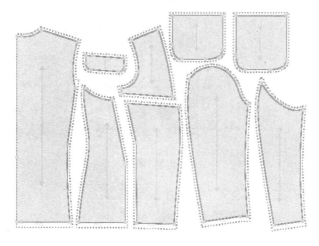

图 6-131　里子放缝完成

（6）用"加扣眼"工具 ⊨⊨ 在前片扣眼的位置加上扣眼，在左驳头 90° 的位置加扣眼，在大袖处加三个扣眼，如图 6-132 所示。

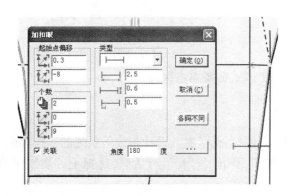

图 6-132　加扣眼

（7）用"钻孔"工具 ⊕ 在大袋、手巾袋、腰省等处钻孔，如图 6-133、图 6-134 所示。

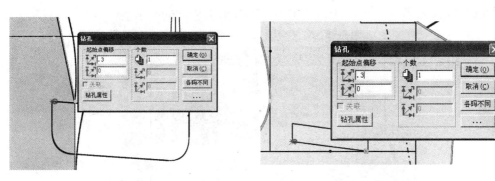

图 6-133　加钻孔　　　　　　　　　　　图 6-134　加钻孔

（8）用"加剪口"工具 在需要加剪口的位置直接单击即可，可用此工具调整方向。系统有多种剪口的类型，可根据需要选择。如图 6-135、图 6-136 所示。

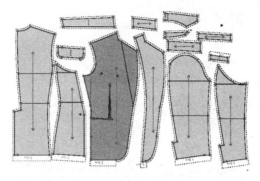

图 6-135　面料

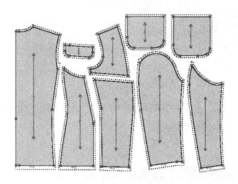

图 6-136　里料

（9）存储，每设计一个款式都要单击保存。

2. 点放码操作步骤

（1）双击"RP-DGS"图标 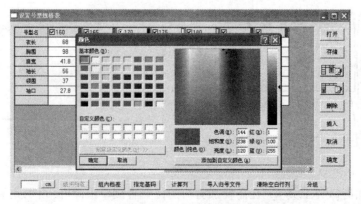，进入设计与放码系统的工作界面。

（2）单击"打开"按钮，弹出"打开"对话框，选择上一步制作的放缝文件，单击"打开"按钮。

（3）选择"文档"菜单中的"另存为"命令，弹出"保存为"对话框，在"文件名"文本框中输入"男西服放码 .PTN"，单击"保存"按钮。

（4）选择"号型"菜单中的"号型编辑"命令，弹出"设置号型规格表"对话框。选择不同码的颜色，完成以后单击"确定"按钮，如图 6-137 所示。

图 6-137　号型编辑

（5）按 F4 隐藏缝份量和 Ctrl+K 隐藏非放码点。选择"点放码"工具 ，弹出"点放码表"对话框。选择"选择与修改"工具 ，单击衣片的颈肩点，按放码参数图，在"点放码表"对话框中输入纵向 0.67 cm、横向 0.2 cm，单击"XY 相等"按钮。后中心点纵向 0.67 cm，将衣片该部位放码显示，肩端点在"点放码表"对话框中输入纵向 0.47 cm、横向 0.6 cm，如图 6–138 所示。

（6）选择"选择与修改"工具 ，单击衣片的后背宽点，按放码参数图，在"点放码表" 对话框中输入纵向 0.22 cm、横向 0.67 cm，单击"XY 相等"按钮，单击摆缝翘高"点放码表"对话框，输入纵向 0.2 cm、横向 0.67 cm，单击"XY 相等"按钮，如图 6–139 所示。

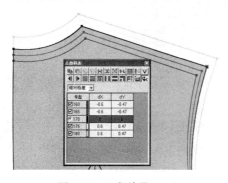
图 6–138　上部放码

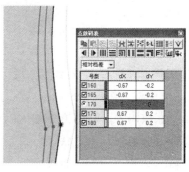
图 6–139　背宽点放码

（7）选择"选择与修改"工具 ，单击衣片的腰节点，按放码参数图，在"点放码表"对话框中输入纵向 0.33 cm、横向 0.67 cm，单击"XY 相等"按钮，如图 6–140 所示。

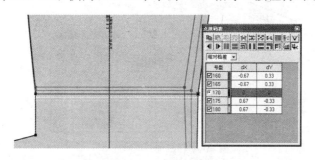
图 6–140　腰节放码

（8）选择"选择与修改"工具 ，单击衣片的摆缝下摆线，按放码参数图，在"点放码表"对话框中输入纵向 1.33 cm、横向 0.33 cm，单击"XY 相等"按钮。单击衣片的后缝下摆线，在"点放码表"对话框中输入纵向 1.33 cm，单击"Y 相等"按钮，如图 6–141 所示。

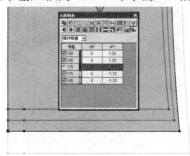
图 6–141　下摆放码

（9）选择"选择与修改"工具 ，单击衣片的后缝背衩点，按放码参数图，在"点放码表"对话框中输入纵向 0.33 cm，单击"Y 相等"按钮，如图 6-142 所示。

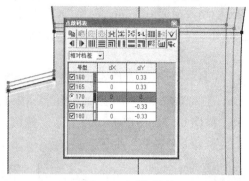

图 6-142 背衩放码

（10）选择"选择与修改"工具 ，单击衣片的颈肩点，按放码参数图，在"点放码表"对话框中输入纵向 0.67 cm、横向 0.47 cm，单击"XY 相等"按钮。单击衣片的前肩端点，在"点放码表"对话框中输入纵向 0.67 cm、横向 0.07 cm，单击"XY 相等"按钮。单击衣片的前领折点，在"点放码表"对话框中输入纵向 0.47 cm、横向 0.47 cm，单击"XY相等"按钮，如图 6-143 所示。

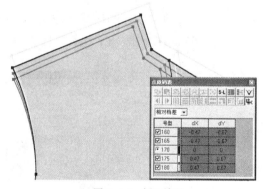

图 6-143 领口放码

（11）选择"选择与修改"工具 ，单击衣片的领口点，按放码参数图，在"点放码表"对话框中输入纵向 0.47 cm、横向 0.67 cm，单击"XY 相等"按钮，如图 6-144 所示。

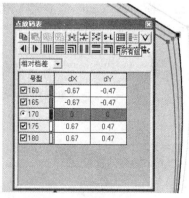

图 6-144 领口放码

（12）选择"选择与修改"工具 ，单击前中腰点，按放码参数图，在"点放码表"对话框中输入纵向 0.33 cm、横向 0.67 cm，单击"XY 相等"按钮，如图 6-145 所示。

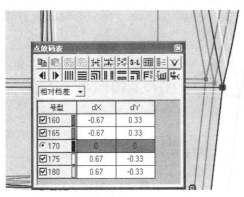

图 6-145 翻驳点放码

（13）选择"选择与修改"工具 ，框选前胁线各个点，按放码参数图，在"点放码表"对话框中输入纵向 0.33 cm、横向 0.25 cm，单击"XY 相等"按钮，如图 6-146 所示。

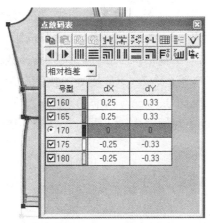

图 6-146 前胁线放码

（14）选择"选择与修改"工具 ，框选腰省下点，按放码参数图，在"点放码表"对话框中输入纵向 0.53 cm、横向 0.33 cm，单击"XY 相等"按钮，腰省按放码参数图，在"点放码表"对话框中横向输入 0.33 cm，单击"X 相等"按钮，如图 6-147 所示。

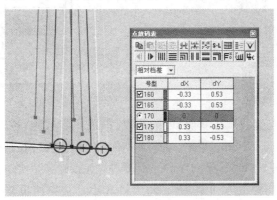

图 6-147 腰省放码

（15）选择"选择与修改"工具，摆缝翘高线，按放码参数图，在"点放码表"对话框中输入纵向 0.2 cm、横向 0.66 cm，单击"XY 相等"按钮，摆缝中腰省点，按放码参数图，在"点放码表"对话框中输入纵向 0.33 cm、横向 0.66 cm，单击"XY 相等"按钮，如图 6-148 所示。

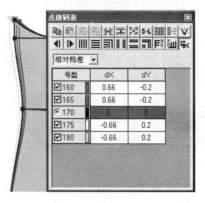

图 6-148 摆缝翘高放码

（16）选择"选择与修改"工具，摆缝翘高线，按放码参数图，在"点放码表"对话框中输入纵向 1.33 cm、横向 0.66 cm，单击"XY 相等"按钮，如图 6-149 所示。

（17）选择"选择与修改"工具，袖山深，按放码参数图，在"点放码表"对话框中输入纵向 0.47 cm、横向 0.3 cm，单击"XY 相等"按钮。后袖山高点，按放码参数图，在"点放码表"对话框中输入纵向 0.33 cm、横向 0.67 cm，单击"XY 相等"按钮。袖肘线，按放码参数图，在"点放码表"对话框中输入纵向 0.5 cm、横向 0.5 cm，单击"XY 相等"按钮，如图 6-150 所示。

图 6-149 侧缝线放码

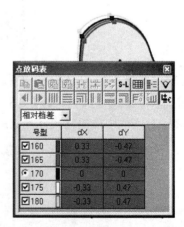

图 6-150 袖子放码

（18）选择"选择与修改"工具，袖开衩，按放码参数图，在"点放码表"对话框中输入纵向 1.03 cm、横向 0.5 cm，单击"XY 相等"按钮。袖口，按放码参数图，在"点放码表"对话框中输入纵向 0.5 cm、横向 1.03 cm，单击"XY 相等"按钮，如图 6-151 所示。

（19）选择"选择与修改"工具，将大袖和小袖进行拷贝复制，如果有错，可以用"X"取反，"Y"取反或"XY"取反，该部位放码显示，如图 6-152 所示。

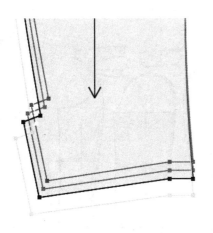

图 6-151　袖口放码

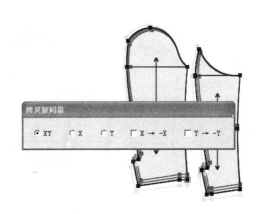

图 6-152　小袖放码

（20）选择"选择与修改"工具　，单击框选后领中心线，在"点放码表"对话框中横向分别输入 0.3 cm，前领头放 0.2 cm，分别按"X 相等"按钮，如图 6-153 所示。

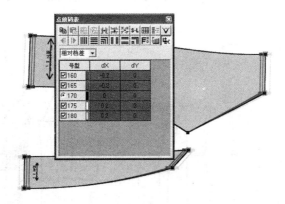

图 6-153　领子放码

（21）选择"选择与修改"工具　，单击或框选袋盖的两个点，在"点放码表"对话框中横向分别输入 0.5 cm，分别按"X 相等"按钮，如图 6-154 所示。

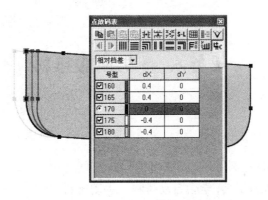

图 6-154　袋盖放码

（22）放码完成，如图6-155所示。

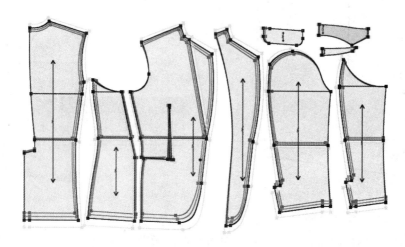

图6-155　面子放码完成

（23）里子的放码可结合面子来完成，这里不再赘述，如图6-156所示。

图6-156　里子放码完成

任务六 ▶ 男西服排料

★ 任务目标

1. 掌握男西服CAD排料基础应用知识。

2. 熟练使用服装排料工具，学会自动排料、手动排料。

3. 灵活运用排料工具进行排料。

★ 任务体验

操作步骤

（1）双击"RP-GMS"图标 ，进入排版系统界面。

（2）选择"量度单位"工具 ，弹出"量度单位"对话框，设置相应的单位，如图 6-157 所示。

图 6-157　量度单位

（3）选择菜单栏"选项→在唛架上显示纸样"命令，在弹出"显示唛架纸样"对话框中取消"件套颜色"选择的勾选，这样才能让每个码一个颜色，如图 6-158 所示。

图 6-158　显示唛架纸样

（4）单击"新建"按钮 ，弹出"唛架设定"对话框，输入唛架长度、宽度及层数等数据，单击"确定"按钮，如图 6-159 所示。

图 6-159　唛架设定

（5）弹出"选取款式"对话框，单击"载入"按钮，如图 6-160 所示。

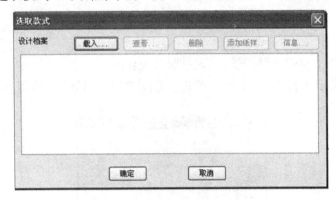

图 6-160　选取款式

（6）弹出"纸样制单"对话框，勾选"置偶数样片为对称属性"，这样，我们在打板时，如果打的是左片，则自动生成右片。单击"确定"按钮，如图 6-161 所示。

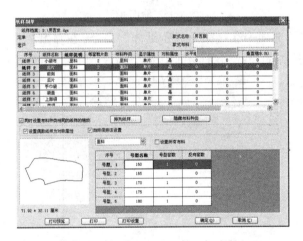

图 6-161　纸样制单

（7）选择"排料"菜单中的"自动排料"命令，单击"确定"后，显示面料排料图，如图 6-162 所示。

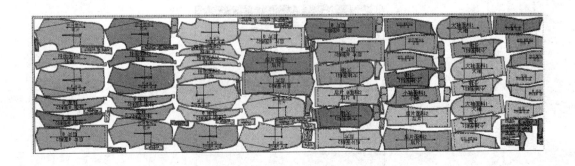

图 6-162　面子排料完成

（8）在菜单栏的"布料工具夹"中选择里料，显示里料排料图，如图 6-163 所示。

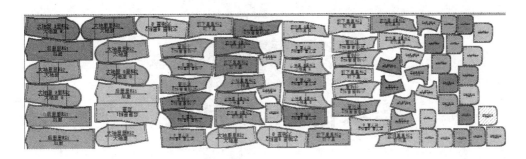

图 6-163　里子排料完成

（9）如果觉得不满意可以手动调节,左键按住裁片拖住鼠标可任意摆放纸样的位置,按住右键拖选可使纸样之间的空隙减小。

（10）旋转方向时,如果旋转限定按钮弹出来,单击右键可以 90° 旋转,如果凹进去的话,单击右键只能旋转 180° 。

（11）排料完成后单击"保存"按钮进行保存。

★ 项目练习

1.绘制男衬衫的样板。

2.绘制男短衬衣的样板。

3.将男衬衫衣身进行变化,绘制出样片、放码并 1∶1 打印输出。

4.将男短衬衫衣领进行变化,绘制出样片、放码并 1∶1 打印输出。

5.绘制男西服样板、放码并 1∶1 打印输出。

6.绘制当今流行男西服样板、放码并 1∶1 打印输出。

项目七

连衣裙 CAD 制版

★ 项目目标

1. 能灵活掌握常用工具、命令按钮、各相关菜单的使用方法。
2. 能熟练使用 CAD 软件对连衣裙进行制版、放缝、排料、放码操作。
3. 培养学生团队合作精神,提高学生的观察能力及分析问题的能力。

★ 项目结构

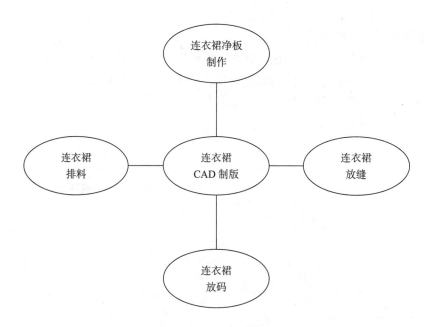

★ 项目描述

连衣裙能充分展示女性的曲线美,能体现女性的浪漫优雅气质,连衣裙是女性的夏季必备之品。连衣裙综合了上装与裙装的特性,前面学习了裙装、上装、女装原型、女装变化款式,有了前面的基础,学习本节就较简单了。本款连衣裙设计了平领结构,裙子有褶裥,上衣有弧线分割,款式较复杂,具有代表性,学会了本款,对于其他变化款就能迎刃而解了。

★ **过程质量评定**

女连衣裙实训记录与成绩评定标准参照表7-1。

表7-1 **女连衣裙实训记录与成绩评定**

内容	评分项目	评分要点	实训记录	分值	得分
CAD板型制作、放码排料（100分）	样板结构	1.连衣裙结构设计正确、合理，符合服装款式造型要求，体现电脑纸样设计过程。 2.线条流畅、规范。 3.制图符号、对位标记标注正确、清晰，无遗漏。		40分	
	样板规格	1.前、后片等规格尺寸与服装号型以及设计稿的效果相符。 2.成品规格不超过行业标准的允许公差。		20分	
	样板放缝	前、后片等放缝准确、均匀。		10分	
	样板排料	1.样板丝缕摆放准确。 2.面料、衬料用料适宜。		10分	
	放码	1.样板放码码数齐全、部件完整、线条缩放后不走形，符合款式造型要求。 2.纱向、裁片数、对位记号标注齐全、准确无误。 3.公共线确定合理，各部位档差标注明确。		20分	

任务 ◎ 连衣裙 CAD 制版

★ **任务目标**

1.熟练使用设计与纸样工具、放码工具、排料工具。

2.能熟练运用相关工具对连衣裙进行制版、放缝、放码、排料。

★ **任务分析**

款式分析：领口前片设有坦领，泡泡袖，连衣裙上部分割，上部弧线分割，下部前后各有4只工字褶，如图7-1所示。连衣裙规格尺寸参照表7-2。

正面　　　　背面

图7-1 连衣裙款式

表 7-2   **连衣裙规格尺寸**

部位＼号型	155/80A	160/84A	165/88A	170/92A	档差
肩宽	36.5	37.5	38.5	39.5	1
胸围	86	90	94	98	4
腰围	70	74	78	82	4
领围	61	62	63	64	1
袖长	16	16.5	17	17.5	0.5
裙长	89	91	93	95	2
摆围	174	178	182	186	4
袖肥	31	32	33	34	1

1. 制版步骤

（1）单击菜单"号型→号型编辑"，在设置号型规格表中输入尺寸（此操作可有可无），如图 7-2 所示。

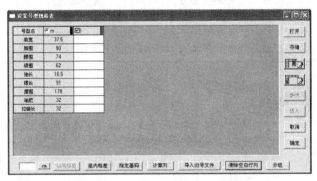

图 7-2 号型编辑

（2）根据已有的绘图知识完成图 7-3 所示。

（3）选择"智能笔"工具 ✐ 在上平线上取 12.6 cm，画短的垂直线（领围 /5+0.2 cm）；在后领中端点向下取 5.2 cm，画领弧线并调顺；选择"对称调整"工具 ▨ 将领弧线对称调顺，如图 7-4 所示。

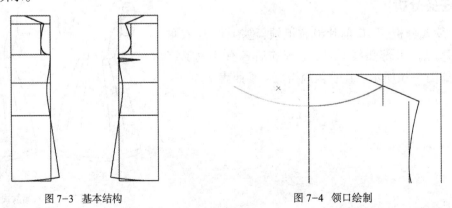

图 7-3 基本结构   图 7-4 领口绘制

（4）选择"智能笔"工具 ✎ 将后片弧线分割线画完整，用"调整"工具 ▶ 调顺（后片后中劈去 2 cm，分割线距肩端点 8 cm，腰省 3 cm），如图 7-5 所示。

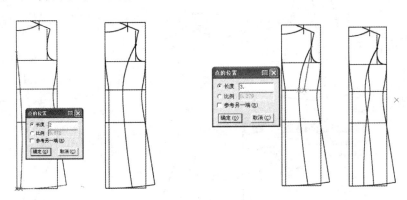

图 7-5 绘制弧线分割

（5）选择"智能笔"工具 ✎ 将前片弧线分割线画完整，用"调整"工具 ▶ 调顺（分割线距肩端点 9.4 cm，腰省 2.5 cm，领口画法：领宽距肩端点 6.6 cm，领深 10 cm），如图 7-6 所示。

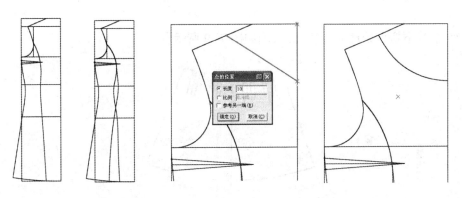

图 7-6 领口绘制

（6）复制前片上部，剪断及删除相应的线条，选择"转省"工具 ▦ 将横省转移到袖窿分割线处，如图 7-7 所示。

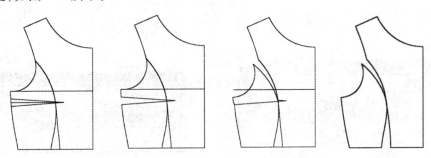

图 7-7 转省

（7）后片下拼块处理：选择移动工具 ▦ 复制后片下拼块，剪断并删除多余的线条；选择旋转工具 ▦ 将腰省合并，调顺腰口及下摆弧线并连接；选择对称调整工具 ▦ 调顺腰口线及下摆线；选择褶展开工具 ▦ 加两个工字褶。如图 7-8 所示。

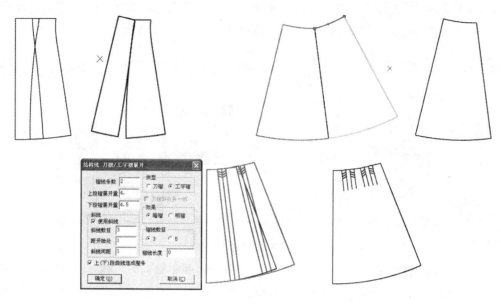

图 7-8 后片下拼块

（8）前片下拼块处理同后片，完成图如图 7-9 所示。

图 7-9 前片下拼块

（9）选择"比较长度"工具 ，测量前后袖窿弧长，如图 7-10 所示。

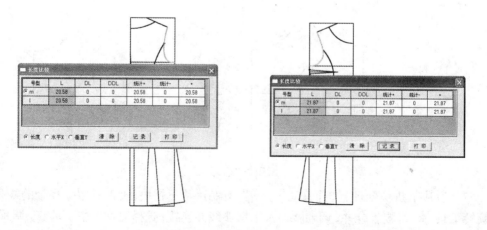

图 7-10 测量袖窿弧长

（10）绘制袖子。

① 选择"智能笔"工具 ✎ 画一条长 32 cm（袖肥）的线，选择"圆规"工具 🅰 绘制袖斜线，第一边的长度为后袖窿弧长减 1 cm，第二边的弧长为前袖窿弧长减 0.5 cm，如图 7-11 所示。

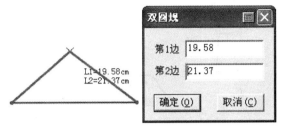

图 7-11 袖子绘制 1

② 选择"智能笔"工具 ✎ 及"调整"工具 🅰 画顺袖山弧线，选择"插入省褶"工具 🗻 将袖山加入泡量，如图 7-12 所示。

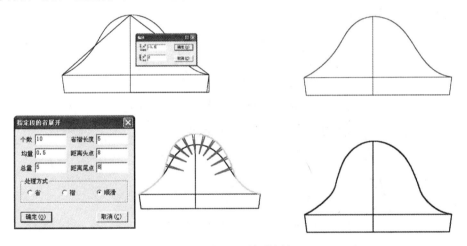

图 7-12 袖子绘制 2

（11）绘制领子。

① 选择"移动"工具 ⊞ 复制前片的上半部分在空白处，如图 7-13 所示。

② 选择"智能笔"✎ 等工具，按照下图将领子绘制好，如图 7-14 所示。

③ 选择"移动"工具，将领子移动到空白处，如图 7-15 所示。

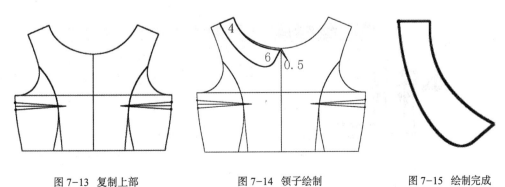

图 7-13 复制上部　　图 7-14 领子绘制　　图 7-15 绘制完成

（12）裙子里布绘制。根据图 7-16 将里布绘制完成，袖子同面子样板。完整的里子如图 7-17 所示。

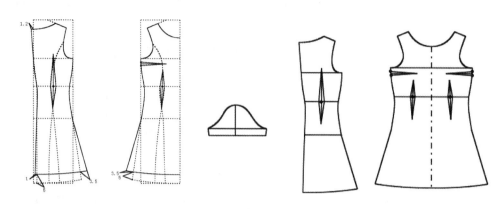

图 7-16 里布

7-17 完整里布

（13）完整面子如图 7-18 所示。

图 7-18 完整面子

（14）使用"剪刀"工具 ✂ 拾取所有衣片纸样；使用"布纹线"工具 ⬚，改变布纹线方向；在"衣片辅助线"工具 ⁺↧ 下，放在纸样上，按 Shift 键单击鼠标右键，出现"纸样资料"对话框，输入纸样资料，用"钻孔"工具 ◉ 给省打上钻眼，用"剪口"工具 ⬚ 在中档处打上剪口，如图 7-19 所示。

图 7-19 纸样资料输入

220

（15）选择"加缝份"工具 ，把裙子前后下拼片及袖口缝份修改为 3.5 cm（拾取纸样时，系统自动加缝份 1 cm），完整纸样如图 7-20 所示。

图 7-20　完整纸样

（16）存盘，结束。

2.放码操作步骤

（1）首先编辑号型规格表。单击菜单"号型→号型编辑"，增加需要的号型并设置好各号型的颜色，如图 7-21 所示。

图 7-21　号型编辑

（2）单击快捷工具栏中的"显示结构线"按钮 使其弹起，点击"显示样片"按钮 使其按下去，按 F7 把缝份线隐藏，把前后幅纸样放入工作区，摆好位置，单击"点放码"图标 ，弹出点放码表，把"自动判断正负"按钮 选中。

（3）选择 工具，同时框选前后横开领端点，横向放缩 0.2 cm，如图 7-22 所示。

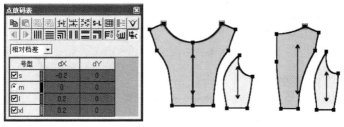

图 7-22　领口放码

221

（4）选择 ⬚ 工具，同时框选前片、前侧片、后片、后侧片的肩端点袖窿深点、腰点，横向放缩 0.5 cm，如图 7-23 所示。

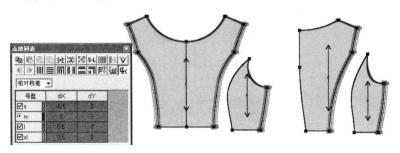

图 7-23　上部放码 1

（5）选择 ⬚ 工具，同时框选前后片的肩端点，纵向放缩 0.1 cm，如图 7-24 所示。

图 7-24　上部放码 2

（6）选择 ⬚ 工具，同时框选前片、前侧片、后片、后侧片的袖窿分割点，纵向放缩 0.2 cm，如图 7-25 所示。

图 7-25　上部放码 3

（7）选择 ⬚ 工具，同时框选前侧片、后侧片的袖窿深点，纵向放缩 0.4 cm，如图 7-26 所示。

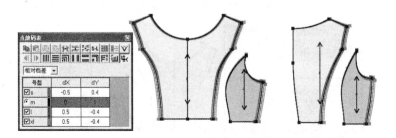

图 7-26　上部放码 4

（8）选择 工具同时框选前片、前侧片、后片、后侧片的腰节线，纵向放缩1 cm，如图7-27所示。

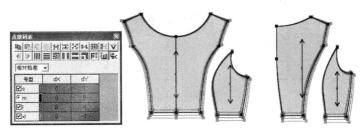

图7-27 上部放码5

（9）选择 工具，同时框选前片的领深点，纵向放缩0.2 cm，如图7-28所示。

图7-28 领口放码

（10）选择 工具，同时框选前片下拼块、后片下拼块的侧缝线，横向放缩1 cm，如图7-29所示。

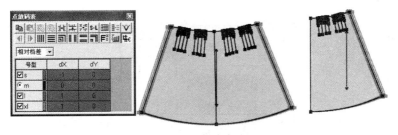

图7-29 侧缝放码

（11）选择 工具，同时框选前片下拼块、后片下拼块的下摆线，纵向放缩1 cm，如图7-30所示。

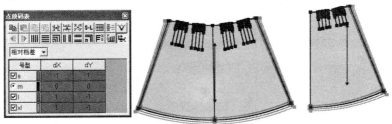

图7-30 下摆放码

（12）选择 工具，同时框选前片下拼块、后片下拼块的第一个工字褶，横向放缩0.3 cm，如图7-31所示。

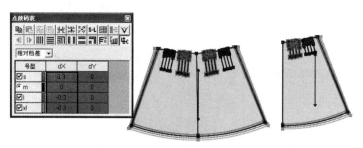

图 7-31 工字褶放码 1

（13）选择 ⊡ 工具,同时框选前片下拼块、后片下拼块的第二个工字褶,横向放缩 0.6 cm,如图 7-32 所示。

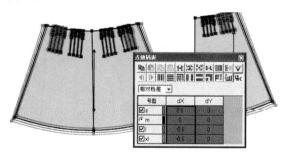

图 7-32 工字褶放码 2

（14）选择 ⊡ 工具,同时框选前后片里子布横开领端点,横向放缩 0.2 cm,如图 7-33 所示。

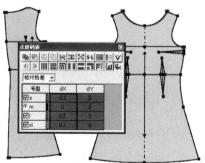

图 7-33 里布放码 1

（15）选择 ⊡ 工具,同时框选前片里布前领深点,纵向放缩 0.2 cm,如图 7-34 所示。

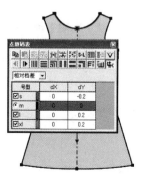

图 7-34 里布放码 2

（16）选择 工具，同时框选前后片里子布肩端点，横向放缩 0.5 cm，如图 7-35 所示。

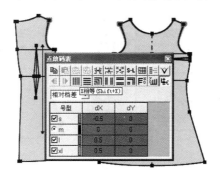

图 7-35　里布放码 3

（17）选择 工具，同时框选前后片里子布侧缝线，横向放缩 1 cm，如图 7-36 所示。

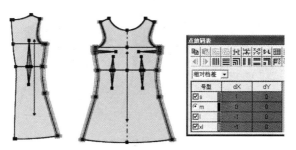

图 7-36　里布放码 4

（18）选择 工具，同时框选前后片里子布肩端点，纵向放缩 0.1 cm，如图 7-37 所示。

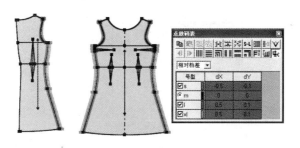

图 7-37　里布放码 5

（19）选择 工具，同时框选前后片里子布胸围线、胸省位、腰省省尖点，纵向放缩 0.4 cm，如图 7-38 所示。

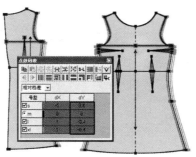

图 7-38　里布放码 6

（20）选择 ▣ 工具，同时框选前后片里子布腰节线，纵向放缩 1 cm，如图 7-39 所示。

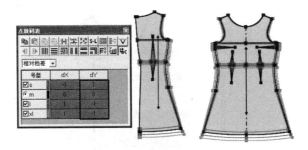

图 7-39　里布放码 7

（21）选择 ▣ 工具，同时框选前后片里子布摆围线点，纵向放缩 2 cm，如图 7-40 所示。

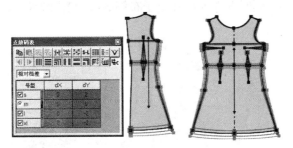

图 7-40　里布放码 8

（22）选择 ▣ 工具，同时框选前片里布腰省省尖点，纵向放缩 0.7 cm，如图 7-41 所示。

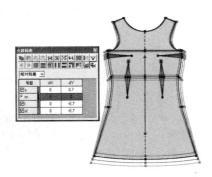

图 7-41　里布放码 9

（23）选择 ▣ 工具，同时框选前后片里布腰省省尖点，纵向放缩 1.3 cm，如图 7-42 所示。

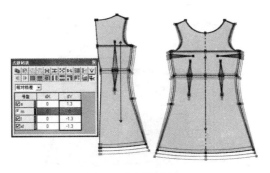

图 7-42　里布放码 10

（24）选择 工具，同时框选前后片里布腰省，横向放缩 0.5 cm，如图 7-43 所示。

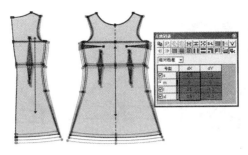

图 7-43 里布放码 11

（25）选择 工具，同时框选袖子、袖里布袖肥端点，横向放缩 0.6 cm，如图 7-44 所示。

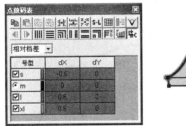

图 7-44 袖子放码 1

（26）选择 工具，同时框选袖子、袖里布袖口点，横向放缩 0.5 cm，如图 7-45 所示。

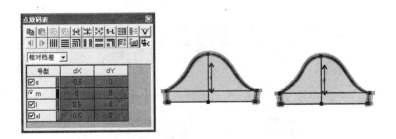

图 7-45 袖子放码 2

（27）选择 工具，同时框选袖子、袖里布袖上顶点，纵向放缩 0.4 cm，如图 7-46 所示。

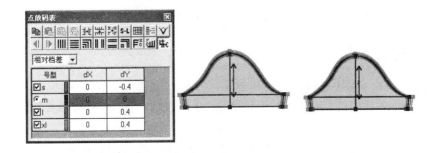

图 7-46 袖子放码 3

（28）选择 🔲 工具,同时框选袖子、袖里布袖口线,纵向放缩 0.1 cm,如图 7-47 所示。

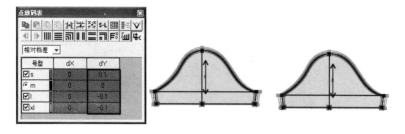

图 7-47　袖子放码 4

（29）选择 🔲 工具,框选领后中线,横向放缩 0.5 cm,如图 7-48 所示。

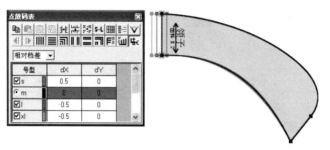

图 7-48　领子放码

（30）完整放缩如图 7-49 所示。

图 7-49　放码完成

（31）存盘,完成。

3. 排料操作步骤

（1）双击"RP-GMS"图标,进入排版系统界面。

（2）选择菜单栏里的"唛架"的下拉菜单"单位选择"弹出"量度单位"对话框,改量度单位为厘米。

（3）单击"新建"按钮,弹出"唛架设定"对话框,输入唛架长度、宽度和层数等数据,单击"确定"按钮,如图 7-50 所示。

图 7-50 唛架设定

（4）弹出"选取款式"对话框，单击"载入"按钮。

（5）弹出"选取款式文档"对话框，单击"女连衣裙 .dgs"，再单击"打开"按钮，如图 7-51 所示。

（6）弹出"纸样制单"对话框，输入款式名称、款式布料和号型套数，检查及修改纸样数据，单击"确定"按钮，如图所示，如图 7-52 所示。

图 7-51 选取款式文档

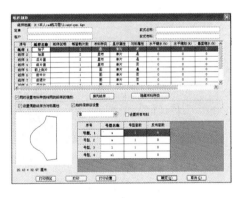

图 7-52 纸样制单

（7）单击"选取款式"对话框中的"确定"按钮，如图 7-53 所示。

图 7-53 选取款式

（8）纸样窗和尺码窗中显示纸样的形状、号型、裁剪片数，如图7-54所示。

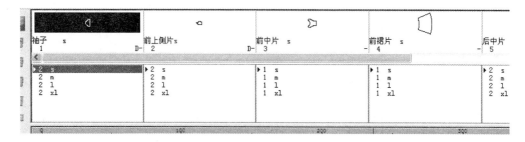

图7-54 纸样完成

（9）设定纸样的显示参数。选择"选项"菜单中的"在唛架上显示纸样"命令，弹出"显示唛架纸样"对话框，取消"件套颜色"选项的勾选，在"说明"选项中，单击"布纹线"框右边的三角箭头，选择"纸样名称"等所需在布纹线上显示的内容。

（10）选择"排料"菜单中的"开始自动排料"命令，计算机会自动排版，随后弹出"排料结果"对话框，单击"确定"按钮，运用手动排料、自动排料或超级排料等，排至利用率最高、最省料。根据实际情况也可以用方向键微调纸样使其重叠，或利用1键、3键旋转纸样（如果纸样呈未填充颜色状态，则表示纸样有重叠部分），如图7-55所示。

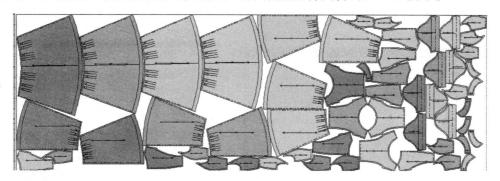

图7-55 面子排料完成

（11）裙子里子布的排版方法同面子。

（12）单击"保存"按钮，弹出"另存唛架文档为"对话框，输入文件名称"连衣裙排料.PTN"，单击"保存"按钮。

★ 项目练习

1.绘制连衣裙的样片、放码并1：1打印输出。

2.利用新原型将连衣裙的袖片进行变化，并绘制出样片、放码并1：1打印输出

3.利用新原型将连衣裙的衣身进行变化，并绘制出样片、放码并1：1打印输出。

附页

一、富怡 V8.0 系统专业术语介绍

单击左键：是指按下鼠标的左键并且在还没有移动鼠标的情况下放开左键。

单击右键：是指按下鼠标的右键并且在还没有移动鼠标的情况下放开右键。还表示某一命令的操作结束。

双击右键：是指在同一位置快速按下鼠标右键两次。

左键拖拉：是指把鼠标移到点、线图元上后，按下鼠标的左键并且保持按下状态移动鼠标。

右键拖拉：是指把鼠标移到点、线图元上后，按下鼠标的右键并且保持按下状态移动鼠标。

左键框选：是指在没有把鼠标移到点、线图元上前，按下鼠标的左键并且保持按下状态移动鼠标。如果距离线比较近，为了避免变成"左键拖拉"，可以在按下鼠标左键前先按下 Ctrl 键。

右键框选：是指在没有把鼠标移到点、线图元上前，按下鼠标的右键并且保持按下状态移动鼠标。如果距离线比较近，为了避免变成"右键拖拉"，可以在按下鼠标右键前先按下 Ctrl 键。

点（按）：表示鼠标指针指向一个想要选择的对象，然后快速按下并释放鼠标左键。

单击：没有特意说用右键时，都是指左键。

框选：没有特意说用右键时，都是指左键。

F1 ~ F12：指键盘上方的 12 个按键。

Ctrl+Z：指先按住 Ctrl 键不松开，再按 Z 键。

Ctrl+F12：指先按住 Ctrl 键不松开，再按 F12 键。

Esc 键：指键盘左上角的 Esc 键。

Delete 键：指键盘上的 Delete 键。

二、快捷键

A 调整工具	B 相交等距线	C 圆规	D 等分规	E 橡皮擦
F 智能笔	G 移动	J 对接	K 对称	L 角度线
M 对称调整	N 合并调整	P 点	Q 等距线	R 比较长度
S 矩形	T 靠边	V 连角	W 剪刀	Z 各码对齐

F2 切换影子与纸样边线　　　　　　　F3 显示 / 隐藏两放码点间的长度

F4 显藏放码线　　　　　　　　　　　F5 切换缝份线与纸样边线

F7 显示 / 隐藏缝份线　　　　　　　　F9 匹配整段线 / 分段线

F10 显示 / 隐藏绘图纸张宽度　　　　　F11 匹配一个码 / 所有码

F12 工作区所有纸样放回纸样窗　　　　Ctrl+F7 显示 / 隐藏缝份量

Ctrl+F10 一页里打印时显示页边框　　　Ctrl+F11 1：1 显示

Ctrl+F12 纸样窗所有纸样放入工作区

Ctrl+N 新建　　　　　　　　　　　　Ctrl+O 打开

Ctrl+S 保存　　　　　　　　　　　　Ctrl+A 另存为

Ctrl+C 复制纸样　　　　　　　　　　Ctrl+V 粘贴纸样

Ctrl+D 删除纸样　　　　　　　　　　Ctrl+G 清除纸样放码量

Ctrl+E 号型编辑　　　　　　　　　　Ctrl+F 显示 / 隐藏放码点

Ctrl+K 显示 / 隐藏非放码点　　　　　Ctrl+J 颜色填充 / 不填充纸样

Ctrl+H 调整时显示 / 隐藏弦高线　　　Ctrl+R 重新生成布纹线

Ctrl+B 旋转　　　　　　　　　　　　Ctrl+U 显示临时辅助线与掩藏的辅助线

Shift+C 剪断线　　　　　　　　　　　Shift+U 掩藏临时辅助线、部分辅助线

Shift+S 线调整　　　　　　　　　　　Ctrl+Shift+Alt+G 删除全部基准线

Esc 取消当前操作

Shift　画线时，按住 Shift 在曲线与折线间转换 / 转换结构线上的直线点与曲线点

回车键　文字编辑的换行操作 / 更改当前选中的点的属性 / 弹出光标所在关键点移动对话框

X 键　与各码对齐结合使用，放码量在 X 方向上对齐

Y 键　与各码对齐结合使用，放码量在 Y 方向上对齐

U 键　按下 U 键的同时，单击工作区的纸样可放回到纸样列表框中

参考文献

［1］王家馨 . 服装制版师 CAD 制版 . 北京 : 人民邮电出版社 , 2010

［2］骆振楣 . 服装结构制图 . 北京 : 高等教育出版社 , 2005

［3］陈桂林 . 女装 CAD 工业制版（实战篇）. 北京 : 中国纺织出版社 , 2011

［4］富怡服装 V8 说明书

图书在版编目（CIP）数据

服装CAD / 邢慎娜，赵利萍主编. —济南：山东科学技术出版社，2013

中等职业学校特色教材

ISBN 978-7-5331-7021-9

Ⅰ.①服…　Ⅱ.①邢…　②赵…　Ⅲ.①服装设计—计算机辅助设计—中等专业学校—教材　Ⅳ.①TS941.26

中国版本图书馆CIP数据核字（2013）第203366号

中等职业学校特色教材

服装CAD

主编　邢慎娜　赵利萍

出版者：山东科学技术出版社

地址：济南市玉函路 16 号
邮编：250002　电话：(0531)82098088
网址：www.lkj.com.cn
电子邮件：sdkj@sdpress.com.cn

发行者：山东科学技术出版社

地址：济南市玉函路 16 号
邮编：250002　电话：(0531)82098071

印刷者：临沭县书刊印刷厂

地址：临沭县城南工业区
邮编：276700　电话：(0539)6280890

开本：787 mm×1092 mm　1/16
印张：15
版次：2013 年 8 月第 1 版第 1 次印刷

ISBN 978-7-5331-7021-9
定价：37.00 元